让我们一起追寻

La puissance d'exister: Manifeste hédoniste

LA PUISSANCE
D'EXISTER

〔法〕米歇尔·翁福雷〔Michel Onfray〕著
刘成富 王奕涵 段星冬 译

MANIFESTE
HÉDONISTE

Manifeste
hédoniste

享 乐 主 义 宣 言

社会科学文献出版社
SOCIAL SCIENCES ACADEMIC PRESS (CHINA)

一切快乐要求永恒。

——尼采《查拉图斯特拉如是说》

目　录

序　言

致我重新找回的母亲

孩提时代的自画像

我 10 岁的时候就已经死去，在一个秋日的风和日丽的下午，在让人想要永远活在这个世界上的阳光里。那一天，闪耀着 9 月份特有的美：梦幻的云彩、创世纪的光亮、温柔的空气、芳香的树叶和橙黄的阳光。从 1969 年 9 月至 2005 年 11 月。我一共出了 30 多部作品，但始终以各种借口来逃避我现在想要写的内容，今天，我**终于诉诸**文字来回忆人生中这段经历。这里，先简要地说一说，我从 11 岁至 14 岁在慈幼会孤儿院里生活了四年，如果加上寄宿学校的三年，前后有七年，痛苦的回忆难以言说。17 岁那年，行尸走肉的我启程了，开始了一直召唤着我的冒险经历。从那时起，我决定将生命最核心的东西付诸书稿……

10 岁之前，我是在家乡香波尔的大自然中度过的，整天嬉戏玩耍：钓鳜鱼的小河、拾黑莓的小树林、用来制作古希腊牧羊人牧笛的接骨木、灌木丛中的小径、飒飒作响的树林、耕地的芬芳、如诗如画的天空、掠过麦尖的阵阵轻风、收获庄稼时的清香、嗡嗡飞舞的蜜蜂以及恣意奔跑的野猫。那些日子犹如田园牧歌，快乐无比。虽然尚未读过《农事诗》，但已亲身体验，身心与天地万物有了最直接的接触。

那时，我的痛苦就是我的母亲。其实，我并不是个淘气鬼，而她却无法忍受。也许她做得对，我后来才真正明白，因为长大了就不会埋怨曾经把我们误导到悬崖的盲人，理性地分析之后就会心怀怜悯地看待所有的一切。也许，母亲非常想要逃避真实的生活，和众多的女人一样，内心深处有着包法利夫人不为人知的那一面，怀着狂热的、不切实际的幻想。在连自己的母亲都还不太认识的时候，她就遭遇过打骂、憎恶、遗弃，尔后被寄养在公共救助机构资助的人家，再次遭遇剥削、毒打和羞辱，这样的她自然就寄希望于婚姻，希望以此来结束那场噩梦。

然而，婚姻并不能改变她既定的命运。她出生的那天，恰逢诸圣瞻礼节，从那个礼拜日开始，从她躺在柳条筐子里被遗弃在教堂门口起，她的命运早已注定。谁也不能从被母亲遗弃的阴影中走出来。当她成为母亲并轮到自己遗弃儿子的时候，她就更不可能走出阴影了。因为在遗弃亲生儿子的时候，在潜意识的牢笼里，她以为自己的角色已转嫁给别人，不再需要扮演被遗弃者的角色。事情并不这么简单……不管是丈夫、孩子，还是家人，都不能给这个受伤的主体提供任何可以自我定位的东西。从被遗弃在教堂门口的那一天起，母亲就一直带着流血的伤口，这样的她如何才能平静地生活呢？想要治病，先得同意去看病啊。

毫无疑问，我长期被困在母亲的死胡同里，她在里面迷了路，盲目地使尽浑身的力气，就好像一头狂怒的困兽，不停地用头撞击着围栏，身上流着血，被自己的忧虑撕扯着，当发现自残并不能改变被困的境遇时，她变得愈发疯狂了。境遇不仅没有改善，反而变得更糟糕：笼子缩小了，自我戕杀的行为仍然在继续，血越流越多。八九岁的年纪，我已经知道很多。也许，母亲并没有发现，但并非毫无察觉。

我是个沉默寡言、自闭的孩子，平时逆来顺受，更不会表现出同龄人的孩子气。我观察着，我感觉着，我琢磨着，我无意中撞见了些事，我时不时到处打听这样或那样的事——在一个小村子里，大人之间的恩怨难免波及孩子……我发现了一些秘密，这是当然，但母亲是否晓得我已经发现了呢？我不知道。这个女人曾经是挨过打的孩子，她像得了强迫症似的也打自己的孩子，不管手边碰到什么，拿起来就打。面包、餐具，各种东西，任何东西……

我并不记得自己当时做错了什么，或干了什么蠢事，她总是拿少管所、童子军或者孤儿院来吓唬我……不厌其烦，没完没了！把活在世上当罪受，骂自己的母亲因家庭原因不能走到社会之镜的另一面，这恐怕不能为一个试图摆脱自己孩子的母亲开脱吧……我还记得她说我会上断头台！我没有杀父杀母（特别是母亲），也没有拦路抢劫，连做个屠夫都不曾想过，就被预言上断头台，感觉真的很糟糕。但母亲的感觉则恰恰相反啊！

母亲没有把自己所承受的仇恨留给她自己，而是将之不加分辨地还给了这个世界，一个令她备受折磨的、她的儿子也无法幸免的世界！对于这种毫无理智的行为，一个不到 10 岁的孩子能懂什么？这种行为将失去理智的戏中人硬生生地拽向毁灭性的疯狂。母亲打自己的儿子，就像瓦片从房顶上掉下来，再自然不过了；不能去责怪什么风。我的外婆（对于她，我一无所知）将自己的女儿遗弃在教堂门口，这一行为给我们母子两人的童年都打上了可怕的烙印。推动星球转动的盲目力量，在不知不觉中也会把正常的个体推向其阴暗的一面。

但是，我没有步我母亲的后尘，我被我的父母送进孤儿院，真是奇谈怪论……无法避免的重演，仿佛就在昨天。这是一出大脑清醒的戏，在这出戏里，我扮演了一个连自己也无法弄清楚的角色。我的母亲也如此。父亲无法抗拒母亲的暴力，也就听之任之，进而更加激发了母亲的负能量。父亲温和的天性与不惜一切息事宁人的个性，让他成了母亲的同谋，繁重粗野的农活和不幸的生活使他极为消沉，但他从不怨天尤人。

就这样，1969 年 9 月我被送进一所名叫"苦寒"的孤儿院——"天寒地冻"和"辛酸苦涩"的缩写。事实上，那里确实会接受父母尚在的孩子，但在 19 世纪，那个孤儿院是为真正的孤儿而建的。在信封的封印、公函上的笺头、路边的指示牌、成绩单、学校椭圆钢印、报纸的公告以及当地新闻报告中，醒目地写着这个词：**孤儿院**。

对于一个 10 岁的孩子来说，要么被送进孤儿院，要么被遗弃，这究竟意味着什么？故事得继续往下说。母亲不再提教养所、童子军和一些其他的怀柔措施，从那时起，母亲常对我说我会进入高等学府，说寄宿生活会让我对不确定的未来做好充分的准备。为什么我不能去离家最近的学校呢？弟弟就在那里上学，每天晚上都可以回家。其实，对我母亲来说，"苦寒"只是一个将自己从被遗弃者转为遗弃者的机会罢了。

寄宿学校离我出生的村庄大约有 30 分钟的行程——准确地说有 28 公里。那时，1968 年"五月风暴"已经爆发，但尚未波及下诺曼底大区。在奥恩省，到处都是巫师、魔魔法、肮脏的农场和魔法师。两年后，当"五月风暴"开始发挥其影响力的时候，时兴的首字母缩略词取代了孤儿院："苦寒"变成了"农校"——中级农业技术学校——但农校只是披上了另一件外衣，慈幼会的理念并没有改变。

大楼采用阿摩里卡丘陵地带盛产的石料修建而成，那是一种颜色晦暗的大理石，雨淋过后会散发出一种令人绝望的气息。不奇怪的是，这个地方完全参照了牢狱的建筑结构：收容所、监狱、医院、营房。整体的构造呈一个"E"字型。对于一个10岁、身高只有一米左右的孩子来说，置身于这样的建筑里面，身体肯定有种压迫感，灵魂也如此。孤儿院犹如一个内核，四周分布着农场、学习各类手艺的作坊、温室和一些体育设施。整个儿俨然是个村庄。600名学生加上全体教职工，人口比我的家乡小镇还要多。这是个自成一体的工厂、一台吃人的机器、一个吃人肉的垃圾场。

监狱没有围墙，没有明确的界限，也没有明显的内外标识。什么时候才算进了孤儿院呢？也许，周围的村庄也应纳入孤儿院的范围。在离中心内核不远的地方，有奥恩河畔的穆兰以及神父们制作的独木舟、橡皮艇基底，有一排沿着奥恩省界建造的楼房，有一个仿制的小型卢尔德岩洞和通向岩洞的小径，旁边有个森林，在一个叫勒·贝尔维德尔的地方有片小树林，还有一些农田和一个露天垃圾场。这些都可以划在"苦寒"的范围内……

没有人能够从这样的地方逃走。这一惩戒机构最黑暗的核心被层层包裹着，只有一条路通往其中。一旦有人想逃，很快就发现自己处在一片敌意的乡野，如果他注意到乡野布局的话。附近两三条大路上，本堂神父、农夫和附近居民的车子来来往往，他们能够在第一时间得到通知：若某个小孩独自行走在路边，那么他肯定是从孤儿院跑出来的不良少年。在外面就像在里面，反之亦然。没有人能逃脱这座没有围墙的监狱。肉体和灵魂都被拘押了，哪怕隔着一定的距离，而且就是要隔着一定的距离。

中间的大楼正对着一个小教堂。"小教堂"是其正式的称呼。实际也算是一座真正的教堂，跟乡村堂区的差不多大小。作为组合式建筑的最新式样，教堂完全不同于整体式建筑。中断的屋脊线线条形成一个凹角，极具 60 年代建筑的特色。有人将之想象成卡佐特（Jaques Cazotte）的多情魔鬼一屁股坐在小教堂上了，留下一个坑以证明自己曾经光顾过。黑灰色的瓦片、灰蒙蒙的花岗岩、由彩绘大玻璃窗构成的腰线展延开去——从外面看很晦暗，但从里面看则很光亮，还有混凝土钟楼（但没有钟），当雨淋湿教堂的时候，一切是那么令人绝望。

在小教堂旁边，在主楼前面靠近农场的地方（院子里有成堆的圈肥，牛群哞哞地叫着，费尔南在那儿走来走去，在那些爱说闲话的人眼里他就是个傻子，因为他总是在傻笑），有个小花园，门口有座塑像，从词源学的角度看，我觉得颇有些恋童癖的意味：这尊塑像呈现的是圣若望·鲍思高（Don Bosco）和多米尼克·萨维奥（Dominique Savio），慈幼会神话的圣徒传里最早的两个圣徒。至于弗朗索瓦·德·撒勒（François de Sales）——其所撰的《精神对话录》中关于"人于己之温柔"写得妙极了……——他并没有留下什么有用的东西。

圣若望·鲍思高使弗朗索瓦·德·撒勒黯然失色。神父间传阅的是题为"圣若望·鲍思高英勇辉煌的一生"的漫画，而《成圣捷径》①再也无人问津。根据雅克·德·渥拉吉纳（Jacques de Voragine）的准则，配以戈西尼（René Goscinng）和优德佐（Albert Uderzo）的手法，漫画成功塑造了一位积极向上的英雄人物，他穷其一生避免犯错，终受教皇皮乌斯十一世的恩典而被封为圣人。从出生时的一贫如洗到站在圣·皮埃尔大教堂的穹顶之下，圣若望·鲍思高的一生正是卫道理论的完美写照。

根据漫画的内容，圣若望·鲍思高不仅批判了同代人

---

① 弗朗索瓦·德·撒勒的作品。（除特殊说明外，本书的脚注均为译者注）

的怀疑论，而且还批判了共产主义者的制裁手段、富人的玩世不恭与傲慢自大的态度以及教会某些公职人员的抵抗情绪。他遵循神意——通常以一条肥硕的护主忠犬的形象示人，名叫大灰……，从所做的每一件事中他都能够获得满足感。包括建孤儿院……有时为填补机构的亏空，我们乞求一大笔现金奇迹般从天而降；我们的祈祷直至深夜——结果第二天就来了位捐赠者，满足了我们所有的愿望！

慈幼会关注的是培养青少年，更准确地说，是引导他们做体力活。从那时起，组织内部的目的很明确：为每一个人找到与慈幼会这一名字相称的工作。农业耕作者、面包师、厨师、猪肉商，那时孤儿们能靠这些活儿自给自足，还有车工、铣工，而最精雕细琢的活是细木工和园丁。我当了四年园丁——从 1969 年到 1973 年。对于那些可塑之才来说，能选的职业就是教士。但慈幼会的思想体系并不爱才，而且轻视书本，害怕知识。**读书人——一个虔诚的神父说——就是敌人……**

四年地狱般生活的第一天、第一个小时、第一分钟、第一次奠基性的体验：在 9 月仍有些炎热的天气里，我排队等候着办手续。各种文件、分发的内部规章、行政注册、开学仪式。一位神父把钥匙串上的管子当作哨子，指挥学生们按班集合，初一年级的学生像牲口一样一个个等待着，准备登记后进入孤儿院。

父母回去了。我把硬纸箱塞进楼梯旁堆积如山的箱子里。后来，回到村子的时间是隔了三周之后——只待了几小时而已。年仅 10 岁，是完全体会不到永恒和时间概念的，但从那一刻起，在我内心深处打开的黑洞则让我深深地体会了。我不寒而栗，几乎崩溃。就在那儿，在操场上，在孩子们发出窸窸窣窣的声响中，在孩子们的命运前，黑洞突然出现。就在那里，我的故事开始书写了，用的是生命之墨和战战兢兢的血肉之躯。这个身体麻木地记录着孤独、抛弃、隔绝和世界末日。往日的习惯、计划、熟悉的面孔和私密的空间一股脑儿被剥夺了，我孤身一人站在天地之间，体验着帕斯卡尔所描述的无穷无尽和随之而来的晕眩。灵魂、情绪如同旋涡……

就在我拼命摆脱这幅缓慢融化的画面直至快要晕倒在人群之中的时候，一个翻着的衬衣领一下子吸引了我。旁边那人的衣服上有道褶皱，我先是看到一条白带，后来看到了用红线绣上去的姓氏。有名有姓。我一下子哆嗦起来：我的衣服上也有孤儿院强制绣上去的几根线，可是没有我的名字。只有一个数字而已：490。

我感到大地开始在脚下崩塌。米歇尔·翁福雷，这个名字消失了。我只是 490 号，这个号码把我的全部简化成了数字。这有什么奇怪的呢，我生活在孤儿院，人们把孩子遗弃在这里，孩子们理应告别自己的名字，成为名单上的一个数字。在我面前的那个孩子可能有父母，有家族，有能够指望的亲戚，所以才在衣服上绣上红色的字母。但是我没有，一切都已结束。我死了，就死在那里，死在那一天，死在那一刻。至少，作为孩子的我死了，转瞬间，我成了大人。从那以后，没有什么能让我担心害怕，再也没有什么能够伤害我了。

后来，我发现我就是490号，但只是在洗衣房的时候……因为我是学校寄宿时间最长的人之一——除了那些真正的孤儿……，所以我在那里要帮忙做些清洁活儿。在这个充满污垢、臭汗、小男孩体臭、不讲卫生的神父的体臭和随处可见痰渍的世界里，洗衣房成了我的避风港。那里很干净，散发着柔和的芳香——一如我童年记忆的味道。

在此期间，我发现那儿的运作机制犹如一台机器。跟所有的权力机构一样，这台机器根据不同的分组和等级运行。600名学生中的每一个人，除了是整个大集体的一员之外，还是各自小团体里的一分子，每个小团体有各自的原则、规矩和特点。主要分类：首先是教员级别的，包括学徒、男孩、硬汉、体魄健壮的人、他们认为的未来的工匠（所有职业中最好的一种）；其次是低等级的人，包括知识分子、传统行业的新手、女孩，以及能背诵拉丁语性、数、格变化的弱小男生和缺乏男子气的"读书人"——在这群恋童癖神父的圈子里，最多也只能这样了……

第二类人是有一线转机的：如果能获得中学第一阶段毕业证书，就有机会参加第一类人的职业技能培训。顺利毕业的人不仅能够分辨夺格和宾格，而且还擅长陶轮和长刨，也许他曾向往绫罗绸缎和白嫩的双手，但最终还是选择了与木屑、锉屑为伍。在初四年级的最后一次班会上，我获得初中文凭的能力遭到质疑，他们完全排除了我参加中学毕业会考的可能性，并为我提供了车工、铣工的培训机会——我拒绝了，代价是母亲的一个耳光。在我父母的眼里，读书人没有什么了不起，或者说根本就一钱不值。

同样，这台权力机器将传统的初中一分为二：高年级学生（初三和初四），低年级学生（初一和初二）。初一年级的学生不得不忍受十五六岁准成人的戏弄、欺负和辱骂，而他们中最小的才刚过完十周岁的生日。当然，这种新生入学教育得到了神父们的默许。

班级按字母顺序排序：从 A 班到 C 班，水平逐次降低。传统老师眼中最优秀的学生组成了前几个班。但神父们不一定奉行这一准则，他们有自己的分级方法。此外，还有一种双重分级标准：一是体育，二是音乐。慈幼会的人只崇拜两样东西：一个是我们应该而且能够歌颂的鲍思高，另一个是足球。我两个都不崇拜……

在孤儿院教区的唱经班中，有位神父是个狂热的球迷。他来自圣·布里厄，是个虔诚的马耶那人——我想他只是对马耶那的拉瓦勒足球俱乐部虔诚而已……，他会吹奏单簧管，尽管他的小指肌腱断了〔有人说，这就是他没能成为他那个时代的让·克里斯蒂安－米歇尔（Jean-Christian Michel）的原因〕。有时，他吹口风琴的时候流着口水。口风琴真是个奇怪的乐器，这玩意也许来源于人类的突发奇想，将口琴和迷你钢琴键结合到了一起。

这位大腹便便、身材矮小的神父把学生分为两类：一类有体育爱好者、"体育发烧友"的爱好者——阅读有关集体运动新闻的……，还有马耶那人、在弥撒合唱班中出类拔萃的女高音，以及能与他谈论足球赛事结果、奥运会或是别的杂七杂八运动会的学生；剩下的所有人便是另类，人渣。我就属于人渣，也就是"读书人"，总是躲在角落里埋头读书，从不参与讨论电视转播的赛事。这位神父在神坛之上教世人博爱，可一转身，他又将老一套的不公正的运作机制置于光天化日之下。我对他的记忆犹新：他的外表并不让人那样想，可用不了多久他就让人明白什么是专横，一种我不会屈从的专横。

对体育的崇拜让不感兴趣的人很为难……"体育"

或者"户外运动"这门课有三个教员——那时的教育家尚未强制使用"体育运动教育"这一说法——他们炫耀着当时最时髦的衣服和鞋子。那时流行荧光色：橙色、荧光红和带三条杠的电光蓝。其中一个教员是圭·德鲁特①的有力竞争者，参加过墨西哥奥运会；还有一个是体毛极浓的图卢兹橄榄球员；最后是个驼背的人，因为饮酒、吸烟，也可能是因为参加过阿尔及利亚战争，弱不禁风，奶咖色莱卡制服总是在他的身上晃来晃去。他死得很早，制服并没有在他身上晃很长时间。

最重要的课是丛林越野跑。这门课被安排在孤儿院周围的森林里或田地里，遵循的是典型的丛林法则：教员们穿得厚实暖和，手握秒表，在一旁等着队伍通过。一进森林，在浓密的荆棘丛里，在灌木丛里，在小溪里，那些高大的、健壮的、岁数大一些的好斗分子，就会用肘推开年龄小的、弱不禁风的。跑在前面的，用力吐着痰，落在后面的，遭遇着一脸唾沫和鼻涕。

最有经验的会穿上钉鞋，有钱人家的孩子也这样。而其他人有双旧鞋就心满意足了。穿着旧鞋踩上烂泥后常常会滑到沟里，要不断加快步伐，还得看准方向。那些赢得神父偏爱的哈巴狗有时在路上会停下脚步，伺机

---

① 圭·德鲁特（Guy Drut），前法国体育部长暨奥运会跨栏冠军。

绊倒身旁的竞争对手。这真是人生的大课堂，教人爱众生。

开学初，慈幼会的人会组织"勒芒 24 小时"① 活动，正式的欺负新生活动，一项充满神秘色彩的考验。老生都知道，新生也将亲身体验。三到四人被绳子捆在一起，进行丛林越野跑。在终点补给的时候，学生们满身污泥，汗流浃背，像狗一样地喘着气，被队伍里跑得最快的人拖着、骂着。在慈幼会神父嘲讽的眼神中，高年级的学生等着看笑话，看那些队伍被一桶桶冷水满头浇。

另一项活动——下诺曼底的莱尼·里芬斯塔尔（Leni Riefenstahl）应该很喜欢——就是在耶稣升天节那个周四举行的奥运会。前一夜在黑灯瞎火的村子里举行点火开幕式，整个孤儿院从那时起就一直沉浸在浓烈的运动氛围中。每个班代表一个国家；母亲们负责购买相应国家代表色的运动衫，然后再绣上相应的国旗。

学生们列队游行，迈着军人的步伐，所有团队整齐划一，大人们"精心"挑选出来的旗手带领着队伍绕场行进，而奥林匹克火炬则由最优秀的学生（！）举着。神父

---

① 一项汽车赛事，每年 6 月在法国萨尔特省（Sarthe）省会勒芒（Le Mans）举行，持续 24 小时。

们歇斯底里，在栏杆后面狂喊乱叫，为他们的心肝宝贝加油。在颁奖、奏国歌或升旗的时候，慈幼会的神父们也在运动场上比赛，他们得意扬扬地展示着自己纤细、白嫩、汗毛浓密的双腿……

我有运动天赋，比赛成绩很出色，尤其是速度项目，但这种受虐色情狂式的颁奖仪式，这种对蛮劲的推崇让我感到很恶心，我讨厌竞争。这帮慈幼会的人在世俗教员身份的掩护下，一边教学生"重在参与"——源自法西斯分子皮埃尔·德·顾拜旦（Pierre de Coubertin）那句人尽皆知的口号——一边又在赞美获胜者。优胜劣汰，弱肉强食：那些日子里，我亲眼看见了粗暴的自然法则是如何毫不掩饰地在现实中上演的。

在孤儿院里，人们喜欢邋遢、挂彩、疲累和衰弱的身体。神父们并不擅于清洁。衣服上布满了污渍、破洞和补丁，鞋跟是坏的，到处是油渍，袖子肘部脏得发亮，散发着莫名的气味，还有脏兮兮的指甲。血、汗、泪以及好斗的体育精神让这一场景变得出神入化。对于这种蔑视肉体的爱好和憎恶自我的思维方式，任何不认同的人都会被视为娘炮。真是奇耻大辱。

在每天的作息时间表中，至少包括一小时的运动。若额外加上"户外锻炼"——我始终不明白这两者究竟有什么区别……，我们在一天之内必须忍受足足三小时的活动。然而，一周只能洗一次澡。没有例外。周四在那时就算是轻松的日子。如果周五再来一次泥浆满身的丛林越野跑，该怎么办呢？没关系：等下周再洗吧。

一间没有粉刷过的地下室被改造成了浴室。单人小隔间由木围栏、放在地上的条凳、莲蓬头和一个打开的绿漆木门组成，门是按照美国西部片里小酒馆的木门样式做的：那只是个象征性的推拉门罢了，既没有上端的部分也没有下端的部分，便于看守的神父透过水蒸气偷看某个纤美的身体。

我们手里拿着毛巾和洗漱包，穿着三角裤在门口排着队。布里永神父负责控制人流量，也就是洗澡时间。不可能有玩水的乐趣，不可能有清洁身体的满足，更不用说灵魂了。没有任何机会能让你享受独处，头顶上热乎乎的水花，远离世界、独自一人沐浴在洁净的雨露之中。洁身之乐？那是罪恶，那是女孩子的癖好。

一切都按照严格的流程进行。大家排着队，不能讲话；飞速进去，赶紧冲洗，抓紧出来；把地上打扫得干干净净；把地方再腾给后来者。然后，我们走进水泥地下室尽头的通风地窖，身上带着如落水狗一样的气味，在那里看上一个小时电视——当年的《佐罗》……与此同时，可能还碰到被罚的学生在黑板上演算。

神父的诀窍就是，当每个人进入自己的隔间后，他发出一系列具体的指令：到莲蓬头下淋湿，站到一边，打肥皂，回去，冲干净，马上出来，擦干，出去（哪怕身上还是湿淋淋的）。也许就是要身上湿淋淋的。当他大声命令大家从热水淋浴里出来的时候，大家必须绝对服从，若有人在那一刻没有服从，那就遭殃了，神父会打开热水阀门。在巴普洛夫条件反射的作用下，集体淋浴从未超过规定的时间……

有一天，布里永神父在某个隔间的地板上发现了一坨精致的大便，那真是可怕的一天。他狂怒不已，像魔鬼附体一般。为了避免这位慈幼会神父迁怒于己，大家都自觉地走开。在我看来，这个偶尔的嗜粪者如此执着地在孤儿院里奉行消灭个体和集体至上的理念，以至于认为排便也应**跟其他活动一样**遵守集体原则。

究竟在何时何地我才能安静地享受一下独处呢？在宿舍熄灯之后。但那时也一样，生存空间依然狭窄。一张床，一个床罩，在120人的宿舍里，红绿床罩相间，还有一个配有抽屉和门的衣橱。这便是我全部的家当，生活必需品和钱财都在这里。

很久之后，我才得知母亲曾扣下我心上人的来信，那是个在夏天来我们村子度假的巴黎姑娘。我没收到过什么信，除了父亲寄来的那一封，说我母亲因车祸住院，司机死了，一位乘客疯了。（在收到来信之前，一个香波尔的寄宿生在周一早晨返校时告诉我，我的母亲在车祸中丧生了。我立即向校方求证，他们在了解情况后否认了这一说法——中间差不多隔了一两个小时……）在这四年当中，我唯一的宝贝就是一张封缄信片，里面有张照片。照片上是尚在换牙的小弟弟，他在背面简要地写了几句，表达了手足之情。后来，到了圣·米歇尔，父母才给了我不得不写信的理由……

那时，唯一的财富是宿舍书架上的书。有说教式的文学作品，这是当然的。还有拙劣的探险小说——我至今记得里面有个老掉牙的传奇故事，主角是鲍勃·莫拉纳……——，但也有一些经典著作。世俗的法语教员让我们学习福楼拜的一段文字，是从《萨朗波》中节选出来的。这部令人称奇的绝妙作品，让我在"苦寒"的假期有了迦太基的陪伴。那是孤儿院中的东方世界。

在一排镜子面前，我们就着洗漱池的凉水洗着脸，然后换上睡衣上床，熄灯前的片刻会有一种难得的温馨。气氛安静，有时会听见窃窃私语，如果说话的是好学生就算了，但有的人则会遭到训斥，有的还会被惩罚。空气中弥漫着肥皂和牙膏的气味，偶尔会听到轻轻飘出的古典音乐。然后是一些书，一本书。

享乐主义宣言

若能一整天沉浸在书中的故事里，也不失为一件幸事；《老人与海》就是我文学创作的启蒙老师。我向"供应商"——朴素先生，他略显矮胖，总穿着一件束有腰带的灰色工作罩衫——订购了一个黄色的本子。我用这个本子写了一部小说，讲述的是一匹马被抛弃、被主人鞭打（!）的故事，现在想来，若是能将之搬上荧幕，可算是一部自传作品了!

熄灯时间一到，神父便开始巡视。他手持电筒，不时要求某一个学生把手放到被子**上**而不是被子**里**；有时候，他会坐在某人的床脚，就着手电的光亮浏览学生的枕边书，学生吓得一动不动，不敢喘气；还有些时候，慈幼会的神父会被糖果或巧克力包装纸的声音吸引，他停下离开的脚步，然后像说格言警句一样说道："东西最好要拿来分享。"……

他继续巡视，在鼾声、呼吸声、梦话声中走动，还没睡着的孩子在床上翻来覆去，用旧了的床上用品发出窸窸窣窣的声音，金属床绷得弹簧嘎吱作响。神父的毛毡鞋轻轻擦过地板。他打开小房间的门，然后关上。我听见了他在狭窄的生活空间中日复一日的声响，看到了他微小动作投下的暗影。我哭了。

在宿舍里并不能享有完全的"治外法权"。相比之下，时间更慢，节奏更缓，生活也更加宁静，但即使这样，也不能阻止慈幼会的神父突然的、毫无来由的歇斯底里，也无法阻止一直潜伏着的恶念的诱惑。几个非宗教人士的学监无一例外，全都在腐化中升华自己。胜之不武。

任何引发暴力的导火线，其实都是借口而已。被吓得不知所措的我们不明白，为什么熄灯后相邻两个人的一句窃窃私语会让神父狂怒不已。他打开灯，大喊大叫，咆哮不止，把所有人从床上赶下来，扯掉他们的被子，瞪着充血的眼睛，挥舞着胳膊。他的下颌紧绷，双颊肌肉因暴怒而抽动，还不时喷着唾沫星子喊着命令。在冬天，尽管窃窃私语没有什么关系，但如果"罪人"没有站出来，整个宿舍的人都要站到外面去。120 个孩子穿着睡衣，四下漆黑，蓝莹莹的月光映照着院子里的积雪。裹在暖和的毛皮大衣里的神父让我们就这样站着，等着始终没有出现的检举。

为了不丢面子，布里永神父让所有的人去学习，强迫冻得瑟瑟发抖的孩子们写作业，抄句子，在极短的时间里背下一首诗，然后，他随便找出个替罪羊，让他背诗。整个集体的命运都取决于这个替罪羊。挑个合适的人，以此为借口在夜里将学习时间延长一个小时，或者利用他缓和一下紧张的局面，这对于神父们来说可是小菜一碟。

还有一次，半夜里蟋蟀的叫声再次激发了他疯魔般的狂怒。被囚禁的我们也囚禁别人：我们习惯在空粉笔盒里养蟋蟀、鳃角金龟或是小蝰蛇。那一次很不巧，蟋蟀的叫声吵醒了神父。于是，上述场景再次上演。但只有那个被神父豢养的音乐课代表还待在床上——因为身体原因，证实了他就是这个狂躁看守的同谋。

一天晚上，不知为什么我就被选中，成了牺牲品。对于那些被关起来的、理论上清心寡欲的人来说，这可能只是他们排遣倒错性欲的一个很好的借口。一直希望加入慈幼会大家庭的学监——一个助理罢了——要我去孤儿院边上的细木坊找些锯屑，那里已经差不多到了村子的边界，离公墓近在咫尺。

我像胡萝卜须①一样英勇，面对夜晚的各种声音：昼伏夜出的鸟儿突然扑哧一声飞过，猛烈的风吹得树枝嘎吱作响，没关紧的窗板发出嗒嗒声，老鼠从食堂外成堆的垃圾桶上蹿跳着逃走。我再也不怕见到任何一个恋童癖神父了——孤儿院就有三四个。

一路从作坊跑回来，加上又是夜晚，木屑在路上掉了很多，我害怕到宿舍时就已经掉光。布鞋和睡衣上沾满木屑、冻得瑟瑟发抖的我把他要的东西给了他。这个见习神

---

① 儒勒·列纳尔（Jules Renard，1864 – 1910）的作品《胡萝卜须》的主人公。

父、爱嘲弄人的学监笑着对我说："好，现在再把这些送回原来的地方。"一到外面，我就把剩下的木屑扔进食堂垃圾桶里，然后躲在水泥楼梯下面，估摸着时间差不多了才回去。

回去之后，我被宽恕了。但事实上，我并没有任何错。我体会到了什么是不公，而让我遭受不公的人，正是那些教导我们要公平正义的人，那天晚上，我没有哭。我咬紧牙关，发誓永生不忘，下定决心绝不再哭。如今，只有在面对我所爱之人的苦难或死亡时，我才会流下眼泪。我将我的愤怒完好无损地保存起来，不恨不怨，但还是会为那些受尽野蛮人的折磨而失去愤怒能力的人而愤怒。

没有必要公正，单凭恐惧就足以形成一整套管理模式：在"五月风暴"之前，整个法国都认为"欲要人服从，必先使人畏惧"。慈幼会的神父们也不例外。正因为如此，才有了恐惧、专横的模式，才有了这种仿佛灾难随时会发生的紧张模式：哪里都有错误，即使是在错误不存在的地方。从天而降的惩罚，是不公正的、强制的、专断的、任性的。

为了维系"恐惧"这个行之有效的运行机制，每个**孤儿**的头上都悬着一把达摩克利斯的利剑。作业和纪律，是受罚的两大方面。每一次成绩的下滑或是努力程度上的懈怠，或是对成文或不成文规定哪怕是一丁点儿的触犯，都会招致一系列的管制和惩罚：针对上述两个方面，每个人每周都会有一张 10 分的成绩单。

这个用不同颜色纸条的评价体系——从最基础的白色到灾难性的黄色，中间是相对严重的橙色——可以从总分里扣掉 2 分、4 分或 6 分不等。同时，也有一种绿色荣誉纸条，长条形可当作嘉奖，额外加上 1 分。

自从来了一位凶神恶煞的德语老师，纸条便铺天盖地，我们都很烦她。她会因为不听使唤的录音机而恼羞成怒。另一位英语老师似乎受到魔训法的影响，她让我们学习一张似乎永远也不会结束的单词表。葡萄种植主题周时，我们被迫去学习酿造学、木桶板、后味、酵母、发酵、葡萄孢这些词语，还要掌握 40 多个概念，还有一个囊括 20 个单词的问题集。如果得分低于 15 分，就被贴上黄色纸条。人体主题周，我们学会了"跗骨""蹠""胆总管""气管"以及莎士比亚语言中的"胰腺"，还要带上已故的亚西尔·阿拉法特的口音……我后来一直不能自如地在伦敦问路。

每个星期，孤儿院院长郑重其事地把全校同学集中到阅览室，回顾每个人的表现，再宣读分数，然后是评语——通常介于褒奖与责备之间……如果学习或纪律有任一项低于 5 分，就要接受惩罚。不许看电视，抄写句子、背诗、写作文或者做由惩罚教师指定的练习，即便碰上周末也得照常进行，甚至接下来的几个周末也要一直继续。在这样的游戏里，没有英雄的角色。你有可能才走出禁闭室，就又被关了进去。

惩罚并不仅限于彩色纸条的评分机制。非常简单。有时，身体服务更迅速：屁股上会突然挨上一脚，如果神父觉得哪一个动作太慢，就会抬起高帮皮鞋使尽浑身力气朝他的屁股踹过去，这可能会让他的尾椎骨疼上几天；后脑勺会突然被拍几下，所用的力气大到让你的脖子要折断；胳膊会一下子被粗暴地抓住，然后把你摇晃到肩膀几乎要脱臼；有时候干脆就是几个耳光，打之前还不忘把戒指转个方向。这些在情感上不成熟的成年人，根本不清楚他们的力气究竟有多大，除了粗暴，他们不知道用其他方式跟人对话。

食堂也不应有任何自娱的机会。吃只是为了摄入一定量的卡路里，而不是乐趣。食堂工作的阿姨来自隔壁的村子，看上去像是从费里尼（Federico Fellini）的电影里走出来的。有个阿姨走路有点跛，每走一步我们都生怕她会跌倒，另一位有着明显的葡萄牙工匠式的小胡子，最后一位阿姨紧紧地裹在一件蓝色尼龙罩衫里，胖得快要溢出似的。几乎不会有慈幼会的人会因为她们而破贞洁之戒。对于那些遭受力比多折磨之苦的人来说，找个孩子就够了。

纪律，是无时无刻的，容不得一丝松懈。没有哪一分钟没有恐惧的气息。走进寂静无声的食堂；听指令坐下；没有得到允许是不能说话的——有时候，神父发出指令允许交谈，有时得过一会儿，一切全凭他的心情；当值神父连拍两次手，意味着要立刻安静；每个人必须立即执行；一旦有人交头接耳，脑袋上马上就是一巴掌或是一耳光；听到一声响指，大家就要把餐具装到一个白色塑料盒子里，然后把盒子放在破了些洞、有裂口、油乎乎的桌子上；再一声响指，大家起立；再来一声，我们就要安静地走向阅览室。

一天晚上，一位同学拒绝吃西红柿粉丝汤，于是换来了牛血和蛆虫……当然，在这里整个用餐过程都是同一个餐盘。谁不喝自己的汤，就什么也别想吃。挨罚就够了……神父命令他吞下那团血，他不吃，再命令一次，还是不吃。于是神父无名地发火了，揪着那个孩子的头发，把他摔到地上，椅子倒了，神父一边咆哮，一边用穿着军鞋的脚疯狂地踹。在猛烈的冲撞下，那个同学穿过食堂，整个食堂都呆住了，死寂一般。最后在洗碗槽下面，那个同学彻底放弃了抵抗，像野兽一样从嗓子里发出一声声气若游丝的哀号。他的血流了一地，那痕迹看上去就像是家乡村子里的猪肉店刚宰完猪的现场。没有人敢吭一声，那顿饭在无声中结束了。我一直记着那种死寂。

在惩罚手段的法宝里，比黄色或橙色纸条更糟糕、比挨打更恐怖的，还有一个大家都心照不宣的手段——猥亵男童。在那个年代，如果告诉别人（比如我的父母）某位神父玩弄小男孩，没有人会相信。我们会听到这样的回答——比如我第一次听到的："一个将其一生奉献于神并发誓守贞的人，绝不会犯下如此罪行。"但就是发生了……

有一位神父教我们手工劳动。每位同学都很欣赏他的巧手和技能：我们会弄断很多锯条，用半圆凿时力气太猛而把盘子弄穿，用锡把圣母像焊接到茶壶上的时候，会把两块木板上弄得到处是脏兮兮的胶水，或是像烙画师那样在盘子底烧上个松鼠图案，而他总能恰到好处地施展技巧，收拾残局。在他的帮助下，我们才能在母亲节拿出还算像样的礼物……

然而，每个得到他拯救的人，都要为此付出一点特殊的代价：他以纠正姿势为由，站到某位同学背后，让该同学把手放到自己的手上，说这样方便记住动作，然后趁机延长时间，用身体在同学的后背和屁股上蹭。他动作的节奏和手淫的节奏差不多。

另一位神父教音乐。他身形瘦高，总带着他那只叫

"可可"的小嘴乌鸦。大家都把它视作孤儿院的吉祥物。这位神父拖着笨拙的身体，每天绕着上音乐课的大楼走。这个"向日葵"老师比较特别，在各种电线、焊接铁板、各种工具纸张和安装图的重压之下，他的办公室似乎快压垮了。笼子里大大小小的老鼠转来转去。鞋随意地扔在地上，脏兮兮的，臭气熏天。

不过，多亏了他，我们才有了一整套立体声音响——他焊接零件，组装，还将食品罐头改造成了扩音器。他收集了厨房里所有牛肉罐头的包装，在音乐室铺了一地，把那儿打造得像个音乐厅。对面的斜坡上耸立着一棵参天大树，春天，阳光透过树叶洒下斑驳的树影，秋天，它又会变换出秋日的色调，冬天，它则为鸟儿们提供了一个歇脚的好地方。

他让我们在这个远离学校的地方听阿瑟·奥涅格（Arthur Honegger）的《太平洋231号》，还一边讲述车轴、车轮的滚动、蒸汽[①]；用《谢赫拉沙德》的故事或《在东亚大草原上》引领我们进入东方世界；他惟妙惟肖地模仿保罗·杜卡（Paul Dukas）的《魔法师的弟子》，

[①] 奥涅格生活于19世纪末至20世纪初，正是蒸汽机车的黄金年代。该作品是作曲家专门为自己喜欢的一种叫"太平洋"的蒸汽机车所作的管弦交响乐，而题目中的数字"231"则代表该机车独特的轴列式——2+3+1。

用斯美塔那（Smetana）的《莫尔道河》给我们上了一堂地理课。那是段美妙的时光，对我来说，与阅读时光无异。艺术让我明白，即使人的世界是一座监狱，其中也一样蕴藏着天堂。

作为回报，他强迫我们学习长笛，让我们演奏《在清澈的泉水边》……演奏的同时，他会要求第一排的人换到最后一排去。所有人都知道这意味着什么。当我们全神贯注于乐谱摆弄乐器时，他便趁机抚摸某位同学的头，再慢慢将手塞到衣领里，顺着脖子一直往下摸。有时音乐会走调，因为还在发育中的演奏者被衬衫勒住，被他的抚摸吓得六神无主。

每个周日的下午，独木舟运动也是由他负责的。只有会游泳的寄宿生才获准参加这项活动，想来也是合乎情理。奥恩河水冰凉、纯净、清澈，完全能看见水波之下长长的水藻，好似长发，有绿色，还有斯堪的纳维亚水神般的棕色。水面宽阔，静水流深。

例外的情形是，有位同学不会游泳，但也参加了这项活动，唯一的条件是要跟神父上他的船。这个慈幼会的人向其他人发起划向奥恩桥的挑战，每个人都想第一个从铁桥下冲过去，于是大家开始猛划。与此同时，神父带着他的受害者，驾着小船灵巧地在芦苇中穿过。对他来说，与男童的性爱时光开始了，而那个同学还傻傻地、不知羞耻地承认"被弄得挺舒服的"……蟋蟀叫的那一晚，唯一一个因为身体原因获准留在床上的人，就是他。

还有位神父也经常把玩小男生。他负责监管纪律——那时候我们还不说"教育顾问"……所有被关在门外的孩子都知道，他会有规律地到走廊上来，然后把他们带进去，他手中掌握着某种可以让其余所有老师保持沉默的办法。他的办公室，没有人愿意进去。

再说说医务室的那个慈幼会的人吧，那个医务室也没人愿意进去。因为轻微的头痛和偏头痛一样，病人必须立刻把短裤脱掉，然后被摸来摸去。长裤要脱到鞋子上，如果我们抗议说这并不是相关部位，就会听到"并发症无处不在！"的回答。不一会儿，舔完阴囊的人得到了放松，宣布说可以回去上课了，而所有这一切换来的只是一小颗阿司匹林。那时的我一直忍着头痛……

纪律、惩罚、合法、非法、好的、坏的、错误，我们就一直生活在这样的氛围中。学习上也是胆战心惊：不是因为努力不够，而是因智力欠缺而获得糟糕成绩的人，同样要接受每周评分的评价，然后被处罚。

在食堂痛打学生的神父，在教法语时也会用一些惊世骇俗的方法。隆冬时节，他会大开窗户，让我们背诵诗歌或深呼吸，他张开两只胳膊，一边跨过书包，一边按顺时针方向在阅览室里跑圈，而那可是一间能容纳一百来人的大教室。

不明白是出于何种教学上的考虑——没准是 1968 年事件的后遗症……——他制定了一套录音课程系统，把上课内容录在他的小磁带录音机上，录音机要插电，配有接线盒和他自制的分流器。录音总有些嗞啦嗞啦的噪声，到处都接触不良。最恶心的是，隔壁班听录音的学生会把耳朵里的耳屎黏在录音机上……

他还会在教室里拉上尼龙绳，把从《朝圣者》和《天主生活》里剪下来的图片用晾衣夹夹在绳子上。每个人都很怕被他点到名，对那些陈词滥调做即兴发言。回答不上来的学生可能被打骂或训斥，但也有可能就此触发一个危机，一个不知道在什么时候因什么而爆发的危机。

另外，还有一位数学老师，毛发日渐稀疏，睫毛和眉毛也未能幸免。起初，他斑秃的头顶看上去很像戴了顶教士的圆帽。为了美观，他还把颜色弄成了褐色，后来便戴上假发。在一次和学生的肢体冲突中，假发被撞飞了，露出光溜溜的脑壳，看起来像是半边屁股。

他有清嗓子的怪癖，把痰咳在嘴里，像嚼牡蛎似的嚼一嚼，然后鼓起腮帮，像品味波尔多产的好酒那样再重新吞下去。在教室里就能听到长长的走廊深处传来的他的声音，边走边念笔试考题："第一页前半部分用来回答第一个问题。"接着念题目——接着是第二道题、第三道题。其间，他会放慢脚步，要求回答要简单扼要，然后一走进教室便说："现在，我开始收卷子。"同样，动作慢的要么有幸在某一天逃脱他的惩罚，要么就是触发危机。

　　每日第一次祈祷在早晨，要求空腹，持续半个小时；日暮时分会再有一次半小时的祈祷，晚祷之后是晚间谈话，是感化个人、评论时政的时间，也是为众多的先人前辈祈祷的时刻——这个活动让我接下来的30年都获益匪浅，大家都很乐意……——，甚至是文学片段阅读时间，最有文化的慈幼会人弄来的唯一的文学作品：《读者文摘》。我手边有什么书，就读什么书，这部作品也如此。

　　晚间谈话由莫阿勒神父负责，这是个闷闷不乐的单簧管演奏者。他知道我对唱歌和运动都不感兴趣，不过我会在这两项孤儿院里有名的集体活动时尽可能地去读书。我读过让·罗斯坦（Jean Rostand）——那时，我还给他写过一封信，但他没有回信……——我当时想成为生物学家，还把他冗长的哲学说教当作生物学。

　　一次班会上，在意向卡片上，我流露了自己对古阿弗雷城科学活动的强烈兴趣，于是换来了自然科学课上各种苦差：把小便尿在一个试管里以测量蛋白质；为了证明条件反射与大脑无关，用生锈的剪刀剪下青蛙的头，在仍在不断抽动的青蛙腿上涂上酸性物质……

负责晚间谈话的神父不喜欢所谓的"读书人"……一次晚课时，当着全班同学的面，他念了那本蹩脚杂志中的一段，然后问我他刚刚念的那句话的作者是谁。就这么凑巧，我前段时间恰好读过那一段，我能回答——那是德日进（Teilhard de Chardin）所写的一篇关于单性繁殖的文章（比如两栖类动物，但这个可不够高尚，神父们以此为据一直推论至圣母玛利亚！），这个擅长关爱众生的专家并没有坚持下去——他的耳光失去了目标。

还有一次晚间谈话时，一名以前的学生被当作成功的典范介绍给我们：他成了一名汽车销售员，开着一辆还未发行的 R15 样车而来，橄榄黄，耀眼夺目，他得到了在晚间谈话中发言的殊荣，发言间他赞颂了孤儿院和神父的美德，以及孤儿院对他的培养等。当时，学校正在组织一次赴英国的旅行；他提出如果我们中间有哪位同学的父母因经济能力有限不能负担旅行费用，将由他来出资，当然这个人要"值得"。

我们根本不知道这一嘉奖的标准，但很清楚地看到某个学生得到了，不是我那四个不幸的同伴，也不是我。当其他人都坐上大巴出发旅游时，只有我们几个还待在孤儿院。慈幼会的人没有想到还会留下这一小撮"社会垃圾"，那天晚上他们甚至忘了给我们预备晚餐……

享乐主义宣言

星期天，孤儿院的老虎钳在不知不觉间松了那么一点。暴力暂停了……多了些温柔和关怀，时间慢了，长了。但纪律仍然在继续，我们看到的更多的是羊皮而不是狼。这段更灵活的时间开始于周六傍晚的宗教教育。接着，家长来访，车辆往来穿梭，孩子们会用凶狠的目光盯着别人的父母。孩子们的目光？那是最原始、最凶恶的目光。

大客车让院子里的通行变得艰难。我第一次出去时，便体验到了这群人的野蛮，仿佛是长着爬行动物脑子的游牧民族。进入技术教育阶段的青少年们涌向巴士，我十岁的身板还不能与他们抗衡。我只记得我把行李箱放在所有人头顶上方，心想我可不要一直站着。悲哀的是我不得不把我小小的身板挤进那群散发着臭味、肌肉发达的寄宿生中。不过还好，我是坐着的。

每次大家离校的时候，看着其他人离开，我都有咆哮的冲动，接着会像个受伤的小动物一样啜泣。我希望时间倒流，好让我躲在某个角落，像胎儿一样蜷缩着，在自己的尿液、粪便中一动不动，等着假想中的世界末日来结束这场噩梦。我觉得自己就像一条待在狗窝里面长满疥疮的狗。

孤儿看着自己的同类——还没那么孤苦无依的——一个个离开，也许知道这个事实对于留下的**孤儿**意味着什么，我们的老师们似乎放松了一点。虚伪的和蔼，可耻的关心。瓶子里的薄荷和石榴汁让水变得可口了许多；有了星期天才有的黄色或橙色苏打水；在玻璃板上放映《丁丁历险记》，当班的神父还要就着手电的光亮念稿子来做评论。丁丁在月球探险的那些故事其实没什么好哭的，但我却一直强忍着泪水，仿佛几个世纪那么久。

周日早上要做弥撒。每次走出小教堂时，我都带着坚定而明确的意志：不去相信这些废话，哪怕一秒钟。不是神父让我成为无神论者，我本来就不是；反倒是他们的表演，让天生无神论者的我更加笃定地认为，他们的存在是多么的失败。这是一个孩子对那些未能真正长大成人之人的怜悯。

当我待在村子里时，不得不让本堂神父签署一份文件，证明我确实做过日课。我很快便学会了他的签名，还在教堂旁边的村镇洗衣棚下面抽父亲的茨冈牌香烟。有时，我会爬到一棵树上看书，那棵树一直延伸到河面。当我听见教堂的钟声时，我就知道该回家了……

第一次离校回家时，我和我的小弟弟一起去摘栗子，三钟经①的响声触发了我的恐慌，几乎要哭出声来。我觉得自己是多余的，觉得自己要是没有出生就好了。我感受

---

① 教堂于晨、午、晚鸣钟，提醒教友纪念耶稣降生救世的奥迹。

到了事实性①，它用一种黑色的火焰将我烧成灰烬，只留下一丝死亡的味道。

礼拜日午饭的结束意味着返回无底深渊的倒计时开始了。（我还记得有一次，母亲抱怨说礼拜日的饭钱已经付给学校了……）时间开始飞逝。明天已经干扰到了现在；一想到周一就让今天是周日的事实变得黯然失色；想到即将到来的地狱，此时此刻就被毁得干干净净。我成了一个新鲜的伤口，每一秒都像一把刀一样在割着这个伤口，一刀比一刀深。

周一的早晨是昏黄色的，是房间电灯的颜色，在这唯一的一间屋子里住着我的父母、弟弟和我——17平方米，上面一层还有个一样的房间。还要回孤儿院多少次？我不知道。四年，四个没有尽头的寒冬，四个250天的寒冷和孤苦，1000个日夜就这样在我童年已经腐烂的尸首面前过去了。14岁，我已千岁——永恒就在我身后。

叫"波贝特"的母狗和叫"可可"的小嘴乌鸦死了；可怜的费尔南也死了；莫阿勒神父也死了，埋在英吉利海峡岸上的一个沙滩上；手工课老师离开了慈幼会的圈子，听说结了婚，组建了自己的家庭，过得还不错；

---

① 存在主义哲学用语。

那几个恋童癖——音乐迷、纪律委员——没有消息；医务人员长眠于学校的公墓；一个体育老师成了我的朋友；他的妻子曾在实验课时给我递过剪刀剪青蛙的头，她还没缺过我在卡昂人民大学的任何一节课；打人的神父退休了，听说身体很糟糕；那个头秃得像半个屁股的神父，离开的时候没有戴假发；我们曾说过一两次话，他觉得我有很多奇特的幻想，不久之后他便记不清东西了，得了种不治之症。

我对谁都不怨恨。我更多的是同情这些木偶，舞台太广阔，命运太渺小。这些可怜的家伙，从受害者变成刽子手，只是为了努力让自己觉得自己不是**命运**的玩偶。我知道，孤儿院已经杀掉了里面的好几个人，他们再也恢复不过来，他们摔了、碎了、毁了。但孤儿院也为社会这台大机器制造了不少温顺的零件，好配偶、好父亲、好工人、好公民，可能还有好教徒吧。

有一天，我陪母亲去公共救济办公室了解她母亲的身份，在那里我们发现，在她被抛弃的同时，她的哥哥被放在了……"苦寒"孤儿院！鉴于我所知道的，我有义务去安抚母亲无法平静的心灵。面对那些向我们放出恶犬，而自己却不知道自己在做什么的人，我们若能报以平和的姿态，便是真正的成熟，而且对于超脱怨恨的生活来说，这种姿态是必要的。怨恨太费心力了。宽容是成人的一种美德。

为了摆脱人与人之间阴暗面的折磨，我求助于书、音乐、艺术，特别是哲学。写作将一切联系在一起。写了30本书之后，我感觉应该重拾自己的话语了。这篇序言就是关键，后面的内容都来自我的所有作品，而每一部作品又都源自从孤儿院开始的生存实践。平静，没有仇恨，不在乎轻视，远离任何报复念头，抽离于所有积怨，接受痛苦的巨大力量，我只想去培育和传播这"生命的力量"——源自斯宾诺莎的著名格言，在他的《伦理学》中，这句格言宛如嵌入其中的钻石。只有用这"生命的力量"编织成的艺术才能治愈那些过往的、现在的以及未来的伤痛。

2005 年 11 月 1 日

●●●● 第一部　另一种方法

1

另一种平行的哲学

主流的历史编纂

奇特的想法影响着传统的哲学历史编纂。很奇怪，纯粹理性和超验推理的捍卫者在其创造的神话里达成一致，然后使尽浑身解数将其发展壮大：教学，撰写文章，公开主张，著书立言，发表一些奇谈怪论，经过不断地重复，奇谈怪论竟成了真理和圣人之言。剽窃、不注明出处的引用、在概念上拾人牙慧以及其他可笑的行径，在百科全书编纂者、词典编写者、一些哲学史的编撰者和毕业班教材编写者的圈子里大行其道。

比较一下该领域的作品，就会发现其相似之处十分惊人：词条一样，作者一样，选文一样，教材里人物简介的内容也如出一辙，有时连肖像都一样……百科全书经常是由抄袭而来的著作概要构成，编订者本来想做得更好，但按工时计酬的作者却草草了事，在短时间内炮制出一个著作目录，还不忘加上提及他个人小作品和鲜为人知的文章

的大量附注。这样的书一本接一本，人们不断地生产这样
滑稽的东西，却没人质疑过一次。

在那些已经变成真理的谬论中，有这样一种说法：哲
学诞生于公元前 7 世纪的古希腊，代表人物统称为"前
苏格拉底的"。如此简短的一句话中至少有三个错误：一
个是日期上的，一个是地点上的，一个是名称上的。因为
在此之前很久，在苏美尔、亚述、巴比伦、埃及、印度、
中国以及古希腊人眼中的一些蛮族之地，人们早已开始思
考。至于"前苏格拉底的"这个名称，只不过是一个避
免他人深究的拼凑概念罢了。

那么，这个词到底是什么意思？实际上，它似乎是
特指苏格拉底之前的一段时期。那就以出生日期为准：
约公元前 469 年。或者公元前 399 年的死亡日期。再或
者他最辉煌的时期：约公元前 350 年。按同样的逻辑，
"前苏格拉底的"也可以指事件——泰勒斯摔落在坑中，
可以指著作——恩贝多克利的长诗《论自然》，或哲学
家——赫拉克利特、巴门尼德、德谟克利特，或思想流
派——阿布德拉的原子论，或概念——巴门尼德的某个
概念，这些都发生在上述某一时间点之前。但不管怎么
说，即便将范围再扩大一些，都不会说柏拉图的老师逝
世之后的人或学说是"前苏格拉底的"……

几百年间，在这个包罗万象的分类里，有彻底的唯物

主义者，也有完全的唯心主义者；有原子论者，也有唯灵论者；有神话的拥护者，也有理性的支持者；有地理学家，也有数学家；有米利都学派，也有埃利亚学派。在如此多分歧中，该怎样理解德谟克利特在其中的地位呢？更好的问法是：按照出生日期，德谟克利特和苏格拉底可以算得上是同辈人，但是德谟克利特后来比苏格拉底多活了近30年，谁能来解释一下，为什么这么多资料都将德谟克利特划归为"前苏格拉底的"？那么为什么还有这个明显的漏洞——让－保罗·杜蒙特（Jean-Paul Dumont）在其七星出版社的版本中肯定了这一说法但未加修正？

　　另一个谬论：哲学源于白人，源于欧洲。很明显，承认部分起源于蛮族、承认在这条神奇的谱系之外还有另一条，意味着承认黄种人、黑种人和混血人种的智慧。但种族主义者眼中最纯正的白人，即希腊人，同样很少尝到民主的甜头——另一个陈词滥调：古希腊人创造了民主！在他们眼中，唯有真正继承了家族纯正血统的人，才具有合法身份参与城邦生活。女人、外国侨民、来此定居的外国人、非纯种白人统统被排除在这个人尽皆知的民主之外——雅典就是最好的缩影……

　　逻各斯从天而降，这是希腊式神话……那么，如何理解毕达哥拉斯在古埃及的旅行以及在当地获得的知识和智慧呢？如何理解德谟克利特在波斯、印度、埃塞俄比亚和埃及的游历呢？如何理解在希腊本土或在异域与迦勒底的天文学家、古波斯祆教祭司、印度裸体修行者的相遇呢？希腊的纯种白人血统的说法无视种族和思想的融合！难道与扮演着至关重要角色的蛮族一同建立不纯的糅杂世界？没有人会这样想……

在主流的哲学王国里，这些谬论胜利了。没有人质疑主流历史编纂的产物。何况哲学研究的资料中并没有有关编纂学的内容，我们又如何去质疑呢？没有人花时间去关注这一切：没有人研究怎样建立精准的哲学史。然而，为什么要将原本的高低起伏抹去，为什么要限制多样纷繁，从而在模式化之后束缚人的思想，迫使原本充满活力的思想走上官方的中庸之道呢？

对哲学学科的认识论似乎有不妥之处，但若面对一部马克思列宁主义的哲学史——哪怕是基督教作者所撰写的，大家也会无奈地笑一笑。为什么学校里教授的历史编纂就是中立的呢？为什么没有遵循意识形态的因素，尤其是从 2000 年以前就被打上基督世界观烙印的文明所产生的意识形态因素呢？当我们在创造不管什么学科的历史的时候，我们一向不会放过自身文化的知识体系。

2000 年以来，历史编纂一直在发展，其中有明智或不明智的参与者，有诚实或不诚实的手稿抄写者和档案保管员，还有历史的各种偶然——因火灾、自然灾害变得脆弱的纸质资料，不当的保存方法，参与者或好或坏的意图，个人创造和国家意识形态决策，造假者的介入，发起者的无能等。所有这一切都参与构成了初始资料，后人又在初始资料上裁剪修改，整理排序。

是谁撰写了哲学史？是根据什么原则写的？其目的是什么？为了说明什么？写给谁？采取了何种视角？历史、百科全书、词汇、教材的撰写开始于何时？是谁在编辑？谁在发行？流向何方？针对怎样的受众和读者？当这样的作品到我们手中时，那些或好意或恶意或聪明或愚钝的家伙就躲在我们身后……

柏拉图哲学的先验原则

让我们简单地概括一下：主流历史编纂学源自柏拉图哲学的先验原则，依据这种先验原则，所有源于感性的都是假象。唯一的实在是不可见的。在经典哲学的形成过程中，洞穴比喻被奉为纲领：思想之真理，心智世界之卓越，理念之美，而与之对立的，即感性世界之丑陋，对世界物质性之抵触，对内在有形现实之贬低。为了阐明该世界观，只能在整个哲学史中，抽取那些似乎有利于这些先验原则的事物，以及能证明和遵循这些先验原则的事物。

在季福讲座期间，怀海德明确表示，欧洲的哲学传统在于对柏拉图的文本添加一系列的注解，他这样说并没有错……诚然，所有存在于这条希腊哲学家主线之外的哲学思想都遭到了遗忘、忽略、批评和抨击。没有人翻译，也没有人为出版这些文字而努力，零散的资料被随意丢弃在古代文学的架子上，大学研究项目、博士论文、出版商、学术文章都避开了这一块，我们就这样阻止了对这些实则是卓越思想的教学和传播。

人们已经按照基督教的原则编订了一部哲学史，目的在于颂扬对"理念"和唯心主义的崇拜。苏格拉底就是弥赛亚，作为揭露心智哲学的第一人而被处死，柏拉图就是使徒，甚至是圣·保罗，因为他传播心智哲学的事业——唯心主义哲学。西方理性所针对的就是对唯心主义哲学的信奉。自那时起，人们就以苏格拉底为基础建立了一种推算方法：在他之前，前苏格拉底；在他之后，后苏格拉底。历史编纂甚至还使用了"次苏格拉底"或者"小苏格拉底"的概念来描述犬儒主义者安提西尼和克兰尼学派的阿里斯提普，这两个人创立了自主感性，还保留了"其他的苏格拉底派"这种说法，用以描述特别是西米亚斯和塞贝斯这两个……毕达哥拉斯学说的信徒！

在唯心主义唱主角的传统历史编纂中，历史其实有很多分支。然而，成为官方宗教和哲学的基督教，一方面在排斥妨碍其家族延续的一切：阿布德里唯物论、留基伯和德谟克利特的原子论、伊壁鸠鲁、希腊和后期罗马的伊壁鸠鲁主义、犬儒主义唯名论、克兰尼享乐主义、观点主义和诡辩的相对主义；另一方面，又对可以被视作新宗教入门的一切大加推崇：二元论、非物质灵魂、再生转世、蔑视肉身、对生的厌恶、对禁欲主义理念的偏爱，以及毕达哥拉斯学派和柏拉图学派十分赞同的死后永福或者罚入地狱。

此后不久，基督教带着由衷的喜悦，见证了中世纪经院哲学思想和论调的复苏，在由康德始创、黑格尔发扬的德国唯心主义风靡的时代里重新大放异彩。然而，黑格尔傲慢、自负、野心勃勃的哲学民族主义之作却给历史编纂带来了前所未有的障碍，这部作品就是他的《哲学史讲演录》——被当代笃信"长青哲学"的人奉为经典，**不过是白人的、唯心主义的、欧洲的"长青哲学"……**

让我们来简要回顾一下：主流的历史编纂是唯心主义的；可以将其分成三个阶段：柏拉图时代，基督教时代，德国唯心主义时代。如果用中学官方教学计划中的行政语言来说就是：柏拉图、笛卡儿和康德，或者说是《理想国》及其洞穴思想、《方法论》及其思想实体、《纯粹理性批判》及其现象与本体（这是柏拉图思想在日耳曼的复兴）。所有这些只不过是在推销一个称谓各异实则同一的世界，兜售所谓丰盛的幻觉罢了……

哲学的反历史

要想修建一座美丽的花园，要它有着干净的小路和修剪整齐的灌木丛，就要时常打理、修剪枝丫、切掉分叉。推崇某位作者或某种思想、强调某一流派、挖空心思使自己的论文获得成功，这些做法迫使另一些名字、论点、著作和观念沦落到了不为人知的地窖里……这里的大放异彩意味着别处的星光黯淡。然而，在这些被砍掉的东西里，仍然存在数量巨大的、未被开发的素材。我在卡昂人民大学的课程——"哲学社群"——的目的，就在于启发人们去挖掘另一条历史编纂路径。

说得好听一点，历史编纂可能是忘了、忽略了；也可能是有意无意地避而不谈；也可能时而有计划地排斥一些东西；时不时地，偏见来横插一脚，又无人质疑：人们向来不把犬儒主义者当作哲学家，而且黑格尔还曾白纸黑字地写道：至于他们，就只有些轶事趣闻罢了……诡辩派的吧？直到最近的平反，大家还是在用柏拉图的眼光审视他们：哲学里的唯利是图之辈，对他们来说真相并不存在，重要的是成功！人们不惜一切去避免研究相对主义、观点主义、唯名论思想的现代性，也就是避免研究反柏拉图主义的现代性！

传统历史编纂的工作者完成了柏拉图曾经不可思议的梦想：第欧根尼·拉尔修的《哲人言行录》（第九卷：40）中有所记载。在我个人看来，从未有人用**哲学的**眼光看待过这段历史。事实上，柏拉图十分想把德谟克利特所有的著作付之一炬！然而，德谟克利特著作数量之庞大、取得的成功之辉煌以及文本传播之广，最终促使两位毕达哥拉斯学派之人——阿米克拉斯和克里尼亚斯——劝阻柏拉图打消了犯下此等重罪的念头。现代火刑的发明者竟是一位哲人……

说到这里，我们便不难理解为什么在柏拉图的所有作品中，没有一处提及德谟克利特！这种遗忘堪比思想上的火刑：因为德谟克利特作品的重要性以及他的理论需要后人简明直接、忠实而睿智的阐释，而他的理论是最有可能置柏拉图的虚妄之说以困境，甚至以死地的。这位哲人在世之时，柏拉图主义就已经表现出一定的反唯物主义倾向——经典和主流的历史编纂又一再加强了这一趋向：绝不可能推崇另一种哲学，尽管这种哲学是合理的、理性的、反神学的，能通过最基本的认知判断力去推理印证，而哲学家们常常缺少这种基本的认知判断力……

享乐主义宣言

后续的论战以文本的形式出现：伊壁鸠鲁以及伊壁鸠鲁学派的人使阿布德拉的唯物主义再度活跃起来，向唯心主义开战。从伊壁鸠鲁在世时开始，对这位花园哲学家的诽谤就一直没有停止过：粗俗、奢靡、懒散、贪吃、嗜酒、暴食、虚伪、铺张、恶毒、剽窃他人想法、傲慢、自负、自命不凡、没教养等。简而言之：不配进入贤哲圣殿的下等货色，无论是他还是其门徒。

然而，诽谤还是主要集中于他的著作：比如欢愉指的是不动心，一种内心无波澜的状态，通过巧妙地调配运用人的自然本能欲望而获得，然而这种状态却被认为是一种如动物般臣服于原始冲动的下流享乐。原子论把世界简化为虚空中的原子结合体，人们觉得伊壁鸠鲁之所以这样认为，是因为他没有一个哲学家应有的才智。他欢迎奴隶、妇人和外来客到他的花园里，这让他有了"为自己放纵的性欲招徕猎物"的美名。20个世纪以来，人们不断重拾这些诽谤为己所用，内容一丁点儿也没改变。

在唯一的古代历史中建构哲学的反历史似乎很容易：只要把柏拉图所有的，或是差不多所有的敌人搜集起来就可以了！原子论创始人留基伯，再是德谟克利特，然后是安提西尼、第欧根尼以及其他犬儒主义者，普罗泰戈拉（Protagoras）、安蒂丰（Antiphon）以及一批诡辩派哲人，克兰尼的阿瑞斯提普（Aristippe）及其他克兰尼学派的人，伊壁鸠鲁和他的追随者——来自优雅社会的人。然后，再站在基督教神话（以一个名为耶稣的虚构人物为基础建立的神话）的对面，站在教会圣师们（他们殚精竭虑为国家的基督教发展提供思想补给）的对面，站在中世纪经院哲学的对面，让那些待在晦暗之中的诺斯替教派信徒重见天日——卡尔波克拉特（Carpocrate）、埃皮法尼（Epiphane）、西缅（Siméon）、瓦伦汀（Valentin）……然后是自由思想运动中的修士修女们——本蒂望戈·德·古比奥（Bentivenga de Gubbio）、海尔威吉·保罗埃马尔蒂尼（Heilwige Bloemardinne）、布尔诺的修士们和其他起义者……那些处于晦暗中不为人知的人，他们那些已经理论化的泛神论和功利主义哲学式的狂欢让人激动，而荒漠之地的僧侣、忏悔中的主教、修道院的隐士们有多少，这些人物就有多少。

对于基督教式的伊壁鸠鲁学派团体也应贴上相同的标签，这一团体由洛伦佐·瓦拉（Lorenzo Valla）于15世纪开创，代表作是《论快感》——一部四个世纪以来从未被译成法语的作品，直到我和几位经验丰富的朋友对其进行一番修订——……该团体后来经由皮埃尔·伽桑狄（Pierre Gassendi）发扬光大，还有伊拉斯谟、蒙田等人。其中还包括：巴洛克时期法国的一些不信教的人，比如皮埃尔·沙朗

（Pierre Charron）、拉·莫特·勒·维叶（La Mothe Le Vayer）、圣·艾弗雷蒙（Saint-Evremond）、西哈诺·德·贝热拉克（Cyrano de Bergerac）……；法国的唯物主义者，比如天主教士梅叶（Meslier）、拉美特里（La Mettrie）、爱尔维修（Helvétius）、霍尔巴赫（d'Holbach）……；盎格鲁－撒克逊的功利主义者，比如边沁、斯图亚特·穆勒；专注于生理学的观念学者，比如卡巴尼斯（Cabanis）；伊壁鸠鲁超验论者，比如爱默生、梭罗；反谱系学家，比如保罗·雷（Paul Rée）、露·莎乐美（Lou Salomé）、让－玛丽·居杨（Jean-Marie Guyan）；自由社会主义者、左倾尼采主义者，比如德勒兹、福柯。快感、物质、肉欲、身体、生活、幸福、愉悦有如此多的信徒，也就是有如此多的罪人！

对这样一个世界该作何指责？难道渴求此时此刻凡间的幸福，而不是假设中另一个无法触及的世界（讲给孩子的虚构故事）的幸福，也应当受到指责吗？内在，就是敌人，就是侮辱！如果按照性情来定义伊壁鸠鲁派的人，他们确实很符合"猪"这个外号：他们的存在产生了他们的本质。根据柏拉图在《蒂迈欧篇》中的表述，人应与世界和睦为友，而这些"唯物主义者"让自己沉沦于欲望的深渊，甚至不知道在自己的头上还有一片充满智慧的天空。唯有超验性才能导向真理，所以猪总是对真理视而不见，从本体论的角度来讲，伊壁鸠鲁派在最完全的内在范畴中裹足不前。如果不是这样，那么存在于世的就只有实在、物质、生活和生命。柏拉图主义反对这一切，讨伐所有宣扬生命冲动的东西。

在这个聚集了顽强的思想家和思想体系的团体中，其共同点是什么？就是一心消除神话和谬论，让这个世界变得适宜居住且更合乎愿望的执念。将神灵、恐惧、害怕、存在的焦虑统统简化为物质性的因果关系；在此时此刻用积极的疗法来驯服死亡，而不是去追求濒死体验、让自己到时候更好地上路；利用真实的世界和真实的人来构建解决之道；更加偏向于简朴且具有可行性的哲学主张，而不是理念上无比神圣却实际并不适用的建构；拒绝将痛苦和苦难作为通向知识和自我救赎的途径；追寻快乐、幸福、共同利益、狂喜契约；与肉体和解，绝不提倡厌恶肉体；控制激情和冲动、欲望和情感，而不是粗暴地将它们从身体里抽走。与其说这是伊壁鸠鲁的构想，倒不如说是生命的最纯粹的欢愉……永远具有现实性的构想。

2

身体的理性

自传式小说

哲学史上不乏强有力的分支。其他学派同样意识到了关键问题，意识到了本学科的核心。唯心主义、唯物主义，这是当然，还有禁欲主义和享乐主义的理念，是的，还要加上超验性的、内在的，还有对我（je）的憎恨以及对自我（moi）的刻画。一方面，有一些哲学家不会在他们的文章中吐露任何自传性的内容、个人体验中的某个细节或是自身经历中的某件事；另一方面，有一些哲学家则以个人生活为创作基础，用生活丰富他们的论述，甚至还承认从中汲取了教训。预言家对自身避而不谈，目的是让通灵者的身份更加令人信服，让人们认为自己是受到了来自异域思想的启发，从更高更远的天际降临的思想；当然他也有可能是一个滔滔不绝讲述自己生活的自恋狂，沉醉于自己的叙述，告诉别人他的任何思想都来自他自己，或者更准确地说，来自他的身体。

然而，这种分类是不可能的，因为所有的哲学家无一例外都是从自身的存在开始思考的。但这种分类却提供了另一个路径：有些哲学家会掩盖自身的存在，制造一种理性于不经意之间在他们身上显灵的假象；而另一些人则选择坦然承认。很明显，经典和传统的历史编纂者属于假正经、狡黠虚伪之徒。他们赞扬的是一种帕斯卡尔式自豪的谦逊，众所周知，帕斯卡尔宣称"自我是可恨的"，可随后却在《思想录》中使用了 753 次"我"。

我一直将蒙田视作导师。《随笔录》的成功，一部分要归功于书中诸多取材于生活的内容，这些才是书中精华：能发出小型拨弦古钢琴声的闹钟、说拉丁语的仆人、擅于御马的父亲、在手工和体力活及运动上笨手笨脚的自己、对牡蛎和淡葡萄酒的偏爱、对女人的热情、本人短小性器的肥大症、对让他的胡须充满余香的女性之吻的偏爱、他的猫、过早的性功能衰退、从马背上摔落、在树林里或在家里不幸遭遇强盗、与挚友的邂逅、朋友死后的痛苦，还有许多其他不仅仅是逸闻趣事的内容。至少对哲学家而言，重点不在于叙述——用漂亮的语言——而在于导火线：在他们看来，这些导火线的哲学作用才是最重要的，因为生命提供了一种让人回到存在本身的理论。

立足于上述经历和故事——思维方式而非故事本身的结局——蒙田论述了：教育在身份构建中所起的作用；一

个人发展历程中的遗传因素影响；肉体在其哲学中扮演的重要角色；对于身份、生命的思考，以及在面对他人时对自身本体不确定性的思考；人的动物性，斯多葛式的坚决笃定以及坚忍的重要性，伊壁鸠鲁式生活的可能性，有助于作者自我构建的一些人生经验，当然这些经验同样适用于那些能够感同身受的读者。

在法国的哲学著作中，有一部分是以第一人称来叙述的。第一个为笛卡儿立传的人安德鲁·巴耶（Adrien Baillet）让我们得知，著名的《方法论》差一点就成了《我的人生历程》。立足于自身并不一定意味着故步自封，也不意味着从中攫取可能有罪的愉悦。在排斥自我和狂热自恋的中间，仍然存在一定的空间，它赋予"我"一个特殊的地位：一个认识世界、解开有关谜团的机会。哲学式的内省——笛卡儿在其所思中下的赌注——可以从头开始给你提供各种方法。任何一种本体论的诞生，必以先于其发生的生理学为基础。

存在之孤例

在哲学家的生活中，身体扮演了非常重要的角色。尼采在《快乐的科学》的序言中详细谈论了这个主题，这个经受着偏头痛、眼炎、恶心、呕吐以及其他各种疾病的人，非常清楚他自己在谈论什么。他提出了真正的哲学式阅读的基础，认为任何哲学其实都是身体的告白，是一个受难者的自传。在言说着"我"的主观肉身和这具肉身的容身之地的世界之间，存在一种相互作用，思想便源于这种相互的作用。并不像上帝对他的选民伸出火舌那样，思想并不是从天而降，而是源于身体，从身体的最深处而来，在肉体上喷涌而出。身体的哲学，不是别的，正是力量与羸弱、强大与无能、健康与疾病，是身体激情的最关键所在。此外，尼采所谈论的**大理性**从来都是身体。

目前缺少一门学科，能够让人们去研读和解码那些哲学文本。这并非一种新的符号学、文本学，一门新的语言科学，而是一种被萨特放弃的存在主义心理分析学——理论上的放弃在《存在与虚无》中，实验上的放弃在三卷本的《家庭的白痴》中。一个哲学体系并不应局限于用柏拉图式的方法思考那些宏大的概念，也不应局限于模糊不清的纯思想场域之中，而应站在物质场域中，一个囊括身体要素、历史要素、存在要素、心理分析要素及其他要素的场域……

奇怪的是，哲学史中其实有无数可以用来实现该构想的细节。但若真要这样做，就必须放弃对人物生平的抵抗心理，以保证在理解一部作品的内核的同时，能兼顾其边缘、周边以及外延。这并不意味着只要细节就够了，也不是说生活中的轶闻会有损作品的魅力，更不是说本质应该让位于细枝末节，而是说只有在理解一部作品的产生机制之后，才能更好地抓住其本质。

与萨特式的原创计划相类似，在这里我要重提我在《享乐的艺术》中称为"存在之孤例"的概念，就像在任何一部哲学著作中"时间"的概念一样。在音乐上，在听到调整得当的悦耳音乐之前，总会有一片希腊式的混沌。哲学家在其人生中某一时刻、某一地点、某一时间，有一些事情——按照本尼托·菲饶（Benito Feijoo）的说法，就是那个"我不知道是什么的事情"——发生了，并解决了之前累积在身体里的矛盾和压力。身体会记录下这样的震颤，并以生理形式表现出来：出汗、流泪、哭泣、颤抖、意识暂停、忘记时间、身体衰退，这些都是重要的释放方式。在经历了对身体的关注和异教徒般的狂热之后，哲学家便可从这个积累了素材的身体上进行大量的衍变。这就是一部作品的谱系。

要举例子？不胜枚举……在哲学家吐露真情（哪怕一丁点儿）的书信中或是在记录相关事件的自传中，人们几乎总能发现这种生存的震颤。这种震颤并非发生在伟大作品著成之时，也不是在创作本质显现之后，而是在之前，在原初之时，以谱系的方式出现。在这种震颤中，显示出了其力量强大的命运，慌乱不安、突破、穿透、打倒、谋杀、吸毒。

我并不打算对此进行详尽的论述——那得是一部百科全书——……，但可以列举出一些事件作为有力的佐证：最著名的当数奥古斯丁……他曾是一个只知吃喝玩乐、花天酒地的人，后来却成了教堂神父、天主教律法师。某一天，在米兰某座花园，他突然感受到了天赐恩宠——眼泪，流成河的眼泪，撕裂灵魂的叫声，来自别处的声音（《忏悔录》中的原话）——，接下来，很显然他皈依了天主教；蒙田在 1568 年从马上摔落之后，才有了关于死亡的伊壁鸠鲁式理论；1619 年 11 月的某个晚上，笛卡儿做的三个梦催生了理性主义的诞生（！）；还有帕斯卡尔和他那个从 1654 年 11 月 23 日晚上十一点半到午夜的著名的"激情之夜"——又一次的泪水……；1742 年，拉美特里在围攻弗里堡战场上昏厥过去，此后他转向了身体的一元论；1794 年 10 月，卢梭去探望关押在巴士底狱的狄德罗，走在文森纳路上的时候，一不小心摔落在坑中，引发一阵痉挛，然而就在这一阵抽搐中他找到了《论人类不平等的起源》的素材；1881 年 8 月，尼采在席尔瓦普拉纳湖陡峭的河岸旁，获得了永世轮回和超人的想法；朱尔·勒基埃（Jules Lequier）在他儿时嬉戏的花园里，帮助一只猛禽诱捕了一只小鸟，这使他顿悟了自由和必然之间的关系，也是他的作品《探寻最初之真理》的素材；这样的例子还有很多……

自正论解密

保尔·瓦莱里的作品中曾记录了类似的一夜，与此相关，我曾在《渴望成为一座火山》中谈到了"局促症候群"。这是指什么？哲学家的身体有着奇异的特性：感知力强、极端敏感，脆弱和强大并存，强壮和精细并存，是一台可以有卓越表现的精密机器，但也正因为精密，极微小的情绪波动也会对这台机器产生影响。艺术家的身体，是身体中的高端定制，是为"深渊感知"——米肖的名言——量身打造的。

身体积聚着能让一个生命体折弯、卷曲、断裂的巨大能量。力量、压力、本体论死结不停地作用于这台机器的内部，机器需要这些供给，但也会爆发——向着世界的所有方向。童年时代，以及更早的无意识的"前历史"期，会像充电器一样收集各方面信息，尔后这些信息又进入一种彼此冲突的关系状态。解决冲突需要存在之孤例：这一刻意味着合适而美好的出路，如若不然，生命体可能会被毁掉。

无论是弗洛伊德的精神分析，还是后来的诸多变体，其关注的都只是自主的精神机制，这一机制极少牵涉历史的物质性。然而时代、家族、地点、环境、教育、际遇以及生理，都是精神中无意识的重要构成素材。我认为无意识是富有生机的、充满能量的，是唯物的、历史性的。对一门哲学的理解不应仅仅局限于结构主义、形式主义或是柏拉图式的方法论上，如果这样，文本就仿佛飘在空中，又仿佛夹在两条形而上的河流之间一样，就没有根基，与真实具体世界就没有任何关联。所以，应该精心打造一种阅读方法，将自正论机制的内部结构公之于世。

参照莱布尼茨的"神正论"逻辑，我借雅克·德里达在《给予死亡》中创造的自正论这一新词来表示，任何哲学话语都来源于自我辩解。哲学家关照自己的存在，构建它，夯实它，然后给自己提供一种类似救世神学的解药。进行哲学研究，就是让自己在这里的存在更合理、更可行，而这里原本什么东西都没有，一切都有待建构。带着痛苦、孱弱、衰微的身体，伊壁鸠鲁建立起了一套能让他很好地、更好地生活的思想体系。同时，他还向所有人提出了一种全新的存在可能。

哲学传统拒绝将理性变成在肉体上盛开的花；哲学传统不承认命运的物质性和存在的机制，虽然这种机制的确很复杂，但仍然是机制；面对形而上学的物性概念，哲学传统会勃然大怒；哲学传统把所有其他活动都归为与自己学科异质的东西，更不用说那些只关注物质世界的粗鄙活动了；哲学传统依然是柏拉图式的，沉浸在不用大脑的思维中，沉浸在没有身体的思考中，沉浸在没有神经元的冥想中，沉浸在没有肉体的哲学中，哲学仿佛从天而降，径直作用于人的某一部分，而这一部分独一无二，不受空间和灵魂的束缚……

为了反对萨特式的存在主义精神分析学，60 年代的结构主义这一无力的方法论燃尽了最后一点火焰；为了反对身体的唯物主义，肉体的现象学加进了神学和经院哲学的内容，使得真实的实在和人所能认识到的实在之间愈加烟雾缭绕；为了对抗科学思想的强大壁垒，唯灵论树敌无数——其中就有神经生物学。从来没有一个时代像今天这样，迫切需要一门存在主义的身体哲学。

3
哲学的生活

智慧的角度

哲学上的唯心主义传统出现在某些专门领域里。柏拉图实行一种分裂的教学法，他一方面针对精心挑选出来的部分学生进行私密的口传课，另一方面也向普罗大众公开传授知识。这是哲学的贵族作风。因此，柏拉图学园公开表示，教育毫无疑问是面向所有人的：没有任何证据表明有人被禁止进入柏拉图的课堂。现有的柏拉图的全部文字作品——其实并非全部——都来自这种唯一的、看得见的外部传承。

然而，他确实也针对一小部分学生进行秘密授课，这些学生是从公开课程的学生中精心挑选出来的佼佼者。他们积累了多年的高等数学知识，所以柏拉图教授的内容很可能是一些基本原理、最新案例和谱系学要素。一边是面对普罗大众的非精英式哲学，另一边是针对精英的哲学，所以从那时起，分裂已明显地出现在思想史中。

享乐主义宣言

针对柏拉图式的哲学实践，伊壁鸠鲁及其门徒有另一番做法：伊壁鸠鲁的花园面向所有人开放，不分年龄、性别、地位、教养和出身，无意去制造能在社会中位居要职的精英——特别是以重建社会秩序为目的的精英……柏拉图的目标是理论性的、精英式的；伊壁鸠鲁的意图则是实际的、存在的。从整体上来讲，哲学就是围绕着这两种倾向在发展：一为课堂上的理论性实践，二为对日常生活的存在性介入。

由此产生了相关的场所：柏拉图在一个隐秘、封闭的地方授课，面对的是有别于普罗大众的精英，他们的使命与其说是自我修养，倒不如说是管理他人。这样的教育方式怎么能让人不想到精英学校的理念呢？这些学校的社会作用，就在于为社会提供最好的零件，以保证招募和供养他们的系统长久存在。从秘密的柏拉图学园到法兰西共和国的大学校①，逻辑上的一脉相承清晰可见。然而，还要额外补充一点，公立大学之所以在意识形态上越来越开放，是因为其权力日渐式微——我们只能在书中看到曾经无边的权力……

_____

① 通常独立于公共大学教育构架之外的高等教育机构，中文有时也译为"高等专科学院""精英大学"，用来区别于公立大学（université）。我们熟知的有巴黎高等师范专科学院、巴黎综合理工学院等。

皮埃尔·哈多特（Pierre Hadot）教授提出，任何一种古代哲学都遵循同一原则：哲学旨在哲学的生活。对于这个诱人却又脆弱的假设，恐怕应该做些调整，毕竟涉及这么多前苏格拉底人物——赫拉克利特、恩培多克勒……柏拉图及其追随者——《蒂迈欧篇》怎么办？还有亚里士多德的《物理学》和《形而上学》……很明显，斯多葛主义、伊壁鸠鲁主义、犬儒主义或克兰尼学派，他们都意在存在的实践，而他们的哲学最终也导向这一点。反倒是理论性的东西，在任何一个古代哲学家的学说中都未必会导向幸福论。

开放广场和秘密学校的明显分界一直在持续，其间基督教成为官方宗教，让存在哲学彻底失去了地位。教会圣师要求真哲学——在他们几乎所有的言谈中都能发现的字眼……根据谄媚的知识分子和有权力的哲学家的理念，该撒利亚的尤西比乌——君士坦丁的友人兼颂德者——为"哲学"定下了基调：哲学家应将其能力运用到理念当中，发挥其推理能力和天赋，认真思考应该怎样合理调配安排历史、档案、真理，为其正名，使之具有合法性。

自此之后，一系列情愿或不情愿的思想家都站到了权力的背后，扼杀了所有自由思考和自由写作的可能性。哲学的生活呢？结束了。若想成为一名哲学家，听从圣·保罗的教诲就可以了。因为不信教，先贤的所有智慧都被视作谬误，所有基督教的并行派系都被视作异端邪说，特别是诺斯替教派。事实上，几乎所有自主或独立的思想都遭到了禁止。广场？集会？花园？都结束了……教会重新掌握了话语权，一切皆服从主教之言——也就是圣上之言。

但存在的实践依然在继续。令人惊讶的是，伊壁鸠鲁派若能依据瓦拉（Valla）、伊拉斯谟（Erasme）、伽桑狄（Gassendi）等基督式伊壁鸠鲁派的理念，将其理论阐释得更加清晰一点，就很有可能向世人成功地展示哲学存在实践的持久性：理论的目的在于实践，而实现的过程要靠思想。做一名基督教徒，并不意味着只是去充当装饰品，而是应当像耶稣那样活着，去模仿耶稣的生平和日常事迹。从这一点来看，博努瓦①的隐居修行团体就不应与伊壁鸠鲁花园的雅典门徒有任何冲突。

因此，基督教扼杀了存在式的哲学研究方式，将哲学从论证、辩论、论战等领域导向了对教条细枝末节的研究：从那时起，神学就谋杀了哲学，或者至少具有犯下这一罪行的企图。从爱任纽（Irénée de Lyon）的《驳异端》到托马斯·阿奎那的《神学大全》，哲学成了低级事业的仆人。此后，所有学术思想唯一可以研究的对象就是上

---

① 博努瓦（Benoît，480—547），意大利罗马公教教士、圣徒，本笃会的会祖，被誉为西方修道院制度的创立者。

帝。于是，西方大地至少在黑暗中度过了 10 个世纪⋯⋯

传统、经典和唯心主义哲学的一部分，至今仍在制造经院式的条条框框：对天使性别无休止的讨论，没完没了的诡辩，乏味的修辞效果，处心积虑地制造辞藻烟雾，崇尚新词，不断自我安慰又自我封闭，或一些其他综合征。某种精神分裂症正威胁着从事哲学研究的学者，当然，他们是一个人孤独待在小房间里，像伦勃朗画作中端坐于楼梯之下的哲学家①一样在研究哲学：可他们完全可以反其道而行之⋯⋯然而现在哲学教师的时代到来了，"苏格拉底官员"②（重拾这个著名的表述）又来了。谁会被同行视作伟大的领袖呢？黑格尔吗？他可算得上是学界中各种罪恶的集大成者！

然而，存在的传统在哲学中仍然很流行。希腊、罗马的思想在蒙田身上延续，同样也在叔本华、尼采、克尔凯郭尔的身上延续：《随笔录》《作为意志和表象的世界》《查拉图斯特拉如是说》或者《重复》都能够在真实、具体的存在中产生影响——跟《致梅娜塞的信》的影响方

---

① 伦勃朗为荷兰历史上最伟大的画家，同时也是 17 世纪欧洲最伟大的画家之一，此处影射其著名画作《冥想中的哲学家》，图中描绘了一位端坐在楼梯下的哲学家，陷入冥想之中，此画历来为各文学大家引用。

② 《苏格拉底官员》（*Socrate fonctionnaire*）为法国作家皮埃尔·图里叶（Pierre Tuillier）在 1969 年发表的著作。

式一样。但《精神现象学》不能……今天的理论哲学——在大学里及其他哲学的官方场所依然占主要地位——常常陷入死胡同，而古代思想却能为我们提供走出困境的机会。我十分支持复兴古典的存在思想。

哲学家存在的证据是什么？是他的生活。一部作品若不是在哲学家生活的同时写就的，那根本不值一读。智慧体现在细微之处：说了的和没说的，做了的和没做的，思考过的和没思考的。普鲁斯特曾提出"两个自我"的理论，让我们来简化一下这一精神分裂理论：按照这一理论，我们可以将写出《存在与时间》的哲学家与纳粹主义期间加入德国纳粹工人党的人完全分开。这样一来，一个大哲学家可以是纳粹，一名纳粹也可以是大哲学家，没有任何问题：确实，撰写了相当数量的现象学本体论作品的那个自我，与那个支持并歌颂灭绝政策的自我毫无关联！承认海德格尔的政治行为，并不会让人不去阅读、批评、评论，甚至赞赏他的作品，这是肯定的。但也要避免另一种极端：好像事实并不存在，眼里只看到他这个人……写一部《赞圣伯夫》① 就需要小心谨慎……

---

① 此处的《赞圣伯夫》（*Pour Sainte - Beuve*）与普鲁斯特的《驳圣伯夫》（*Contre Sainte - Beuve*）相呼应。——编者注

若是一个哲学家，那他每时每刻都是哲学家，包括在洗衣店便签上继续某个论证的时候……柏拉图在撰写反对享乐主义的著作《斐德罗篇》时是个哲学家，当这个兜售理想的禁欲主义者死在宴席时也是个哲学家；当他写作《巴门尼德篇》时，当他意欲烧毁德谟克利特的著作时，他也是个哲学家；当他创立柏拉图学园时，当他还是个剧作家和摔跤手时，他也是个哲学家；当他发表《理想国》以及《法律篇》时，当他对狄奥尼西奥斯（Denys de Syracuse）阿谀奉承之时，他仍是个哲学家；等等。此与彼，此即彼。

因此，有必要在理论与实践、思考与生活、思想与行动之间建立起紧密的联系。一位哲学家的生平并不应简单归结于对其发表作品的评价，还应关注其写作和行为之间相互关联的本质，统一起来才能称为作品。哲学家比任何人都应该将这两种时常对立的维度联系起来。生活孕育了作品，同时作品也滋养了生活：蒙田是第一个发现并阐释这一点的人，他懂得创作，也明白创作若能反过来塑造自我，就会因此而更加了不起。

实用的功利主义

何处是哲学的舞台？不是大学校，不是大学，也不是封闭的空间，而是场景，面向世界和日常生活的场景。在场景中的概念、观念、理论，完全不同于唯心主义中的概念、观念、理论。存在的思想中，没有对词的崇拜：字词是用来交流、沟通、表达的，而非用来分裂。理论会提出实践，其目标就是实践。若非如此，理论就没有存在的理由。按唯名论的逻辑，词句以功利的方式发挥作用，它们只是实践工具而已。无一例外，没有对词的崇拜……

我赞成功利主义和实用主义的哲学，而非其敌对的姊妹：唯心主义的和概念性的哲学。唯有前者才能让存在的计划成为现实。但在继续深入之前，要澄清一下这两个概念，因为在经典传统中，功利主义和实用主义都饱受双重含义之苦，跟哲学中许多有歧义的概念一样：如唯物主义、感觉主义、犬儒主义、伊壁鸠鲁主义、诡辩派、怀疑论，如此多的概念在哲学辞典中都占有一席之地，但都带有"低俗"的色彩。奇怪的是，第一种含义通常遭到第二种含义的指摘，但似乎又是彼此的解药……

"唯物主义者"便是如此：在哲学家看来，是指那些认为世界可以被归结为某种纯粹简单物质的思想者；但按照一般人的理解，指的就是那些一心积攒物质财富的人；"犬儒主义者"也一样：他一方面是锡诺普的第欧根尼的门徒，绝对禁欲和极简道德的信徒，另一方面又是毫无信仰、玩世不恭的粗鄙之人；还有"伊壁鸠鲁学说者"，一方面用来指伊壁鸠鲁的门徒，追求简朴生活和禁欲主义的人，但同时又指那些庸俗的粗人和享乐之人；"诡辩者"是在方法论上奉行观点主义之人，但在大多数人眼中，这个词指的就是那些只会玩弄诡辩伎俩、不择手段获取胜利的人；这样的例子不胜枚举。

如哲学家们所知，功利主义直接继承于伟大的思想家杰里米·边沁，约翰·斯图尔特·穆勒的理念则被奉为功利性的标杆，他提出的"最大多数人的最大幸福"原则正是伦理学的基本点。前者所写的《义务学》（1834）以及后者所写的《功利主义》（1838），共同奠定了功利主义这一强大思想的基础，但毫无疑问，这一思想遭到了唯心主义传统的排斥。在这些盎格鲁－撒克逊人看来，哲学不是晦涩难解的思想，而是明了、精确、易懂的，不包含任何形而上的先验原则，而是拥有能对日常生活、对最普通的现实产生影响的智慧，这一点在经院派眼中是天大的罪恶。

对一般人来说，功利主义谴责的是谋求私利的行为，在与他人的关系中，它无法做到慷慨和不计回报。如果某一政策、思想或经济具有这样的特点，那么就是自私的，是不关心他人的，只在乎即刻具体的结果。但它还带有一点犬儒主义和马基雅维利主义的色彩：功利主义者的目标和想要的东西就是眼前利益，是物质的、可感的、即刻的和普通的利益。然而，这两方面合在一起又明显与边沁或穆勒的初衷相对立。因为在第二种情况中，只有单独个人的即时而微小的满足，在这种情况下，怎么能实现最大多数人的最大幸福呢？

实用主义也如此。从哲学的角度来看，这一流派看问题的视角是认知和理性结果。换句话说：这一新的实证主义提出了一个有关真理的理论，它摒弃了唯心主义者的绝对，推崇认识论的相对性。1878 年，当皮尔斯在一篇题为"怎样阐明我们的思想？"的文章中创造"实用主义"这个词以及阐明相关理论时，他所提出的是一个真正的内在哲学的基础。这与"无法从唯一的实践角度看问题"没有任何关系，与"无法从预期结果看问题"也没有任何关系……

我所推崇的实用功利主义需要回归到哲学的结果主义：不存在绝对真理，没有好、坏、真、美，也没有孤立存在的正义，要视明确而清晰的情况而定。选取一个合适的角度——视情况而定的享乐主义——一边向自己的计划前进，一边获得愉悦的结果，这样难道不好吗？这样的想法在边沁的作品中已初见端倪：思考要以行动为根据，行动则要相对地以行动效果为目标。

享乐主义体系

总结一下：我支持撰写一部哲学的反历史，以取代当下唯心主义占主导的历史编纂；支持身体理性和自传性小说，在纯粹内在的逻辑中，也就是在唯物主义的逻辑中，两者互相陪伴；支持一种理所当然的哲学，如同亟待建构和解密的自正论；支持一种理性显而易见的哲学生活；支持一种意在功利与实用的存在视角。所有一切汇聚成一点：享乐主义。我经常提到尚佛尔（Chamfort）的那句箴言，因为它是享乐主义的绝对准则："自己享乐并使他人享乐，既不伤害自己也不伤害任何人，这就是全部的道德。"这一句话道尽了所有：自我的享乐，这是当然，但同样重要的还有他人的享乐，因为如果没有这一点，就不可能谈伦理，正是他者的身份决定了伦理是什么样的伦理，并不是别的——这也就是为什么在萨德侯爵的作品中，没有任何道德可言……在结果主义的视域下，尚佛尔箴言丰富的内涵可以引发无数的研究。

首先，我要为这个概念正名。与古典享乐主义的支持者所遭遇的一样，15 年以来，对我的哲学建议的接受也遭遇了几乎同样的问题：对于"欢愉"一词引发的狂乱，人们拒绝心平气和地去研究有关细节。因此，每个人只能面对自己和自己的愉悦，然后通常按照简单的传递方式，将让自己获得欢愉的想法传递给他人。

然而，我不得不经常面对那些将享乐主义和法西斯主义、纳粹主义、非道德主义画等号的言论，看到我承认自己的尼采主义，便怀疑我对极权独裁体制怀有秘密的狂热！自我享乐却不与人乐，才是将这一哲学理论等同于对所有哲学的最坏否定；但如果是自我享乐也与人乐的话，那么，那些将该理念发挥到极致的人与那些支持将该理念发挥到极致的人，该作何解释，尤其这种现象还经常发生？

当然，还有更简单的理解：享乐主义被等同于自由消费主义的粗鄙的当下享乐。比如高档美食——我的第一本书《哲学家的肚子》招致了诸多误解，但也以戏谑的方式（对讽刺家来说可不太好！）让大家意识到了以下几个问题：哲学家的身体问题，身体理性问题——参见《美食的理性》……哲学的感觉主义，存在的心理传记，哲学生活，另一种历史编纂——第欧根尼已有建树……等等。

为了让享乐主义者的新伊壁鸠鲁派"猪"的形象更加完美，《爱恋身体之理论》补上了最后几笔：在书中，我提出了一种阳光式的性行为模式，人们能看到一本后现代的调情教科书，一篇对多情风流的赞美之辞，还有一本唐璜式的花花公子手册！当我用德谟克利特"欲望是即将满溢的过量"的逻辑来对抗柏拉图的"欲望是缺陷"
的理论时；当我歌颂女性，抵制对处女、妻子、母亲的犹
太基督教式的崇拜，从而提出一种绝对的女权主义时；当
我主张用一份随时可恢复的双务①契约来代替婚姻时；当
我夸赞不生育思想的好处、反对生产繁衍的义务时，我就
成了典型的浪子——当然是取其负面意思……

欢愉吓到了人们：欢愉这个词语，以及相关的事件、
事实和言论。它要么让人噤若寒蝉，要么让人疯狂不已。
人们有太多的私人因素，有太多疯癫、痛苦、苦涩、悲惨
的内在，太多被隐藏和掩盖的弱点，太多太多的困难，导
致人们不能存在、不能生活——不能享乐。因此人们拒绝
这个词语：攻击它不怀好意、咄咄逼人、信仰错误；或者
干脆直接避开。抹黑、侮辱、轻蔑，只要能避开这个主
题，什么方式都可以。

我坚持自己的理论，存在的理论：尽管引发诸多误
解，但我依然在近 30 本书中不遗余力地书写享乐主义这
一世界观。诚然，这是对现实的阅读——可参看《享乐
主义者日志》各章节，但同样是在给人们提供生活建议。
因为我提倡一种非哲学的构想：综合的构想、系统的构
想。事实上，我所捍卫的是一种强大的、牢固的、结构精

---

① 法律用语，双方都有义务的。

良的、和谐统一的思想，我正努力在其中检验所有的知识。享乐主义为我提供了主题，催生了我的不同作品，带来了各种可能性。基于这些，我提出了一种伦理——**塑造自我**，提出了一种性观念——**爱恋身体**，一种政治主张——**反抗的政治**，提出了一种美学——**发掘当下**，提出了一种认识论——**肢解的美丽**，提出了一种形而上学——**无神论契约**。从而我就提出一种**美学伦理**，一种**阳光的情欲**，一种**绝对自由主义政治**，一种**犬儒主义美学**，一种**亲科技生物倾向**以及一种**后现代无神论**，形成整体的各项条件都具备了。

•••● 第二部　选择性伦理

4

无神论的道德

犹太基督教知识形态

大部分人宣称我们的时代是无神论的时代，但他们错了：这是虚无主义的时代，彻头彻尾的虚无主义。有何区别？欧洲的虚无主义——尼采曾一针见血地指出——意味着一个世界的终结，也意味着另一个世界到来之艰难。在过渡期间，会出现夹在两种世界观之间的认同障碍：犹太基督教的世界观和一种尚未命名、我们姑且称之为"后基督教"的世界观——在没有找到更贴切称谓的情况下，这样称呼不会出错。唯有随着时间的脚步，在世纪的发展中才能找到它。所以，这是虚无主义的时代。

没有准则，或不再有准则。没有或不再有道德。伦理和形而上之间的界限难以清晰分辨：任何东西看起来都是好的、善的，但同时也是恶的，任何可以说是美的东西，同样可以说是丑的，虚构仿佛比现实更加真实，臆想取代了真相，历史和记忆在如今的宗教世界里再也无法充当救世良方，与过去断开，又与未来毫无关联。虚无主义的时代没有任何区域划分：没有指南针，也就不太可能制定出计划逃离这片让人迷失的森林。

虚无主义游离于两种文明交织的节点上。比如，在罗马帝国后期，一种知识形态——异教的、古希腊罗马的——走到尽头，与此同时，新的知识形态——基督教的——开始显现，当然当时还没有很好的定义。伊壁鸠鲁主义与诺斯替主义互相交错，神圣罗马帝国的斯多葛主义与千禧年主义和来自东方的末日思想并存，旧的哲学理性主义目睹了自己的没落，与百花齐放的非理性主义共分天下：赫尔墨斯主义、神秘主义、占星术、炼丹术。身处这样的时代，所有人都不知道自己该何去何从……

史上不乏类似可以说是"衰落"的时期——需要谨慎使用衰落这一概念：它在人类历史初期就已经出现，并贯穿了从赫西俄德到奥斯瓦尔德·斯宾格勒的每一个时期。如今，应该接受世界的各种新样貌、闻所未闻的方案以及令人担忧的景观：本体论和形而上的世界主义、全球生态危机、骤然兴起的自由经济全球化以及市场的主导地位——伴随着对绝大多数人的人性和尊严的否定。1969 年 7 月人类第一次踏足月球，从那个冰冷的星球回望地球时，人类方才明白地球不过是浩瀚宇宙中的沧海一粟……

犹太基督教对我们的日常生活是否还有影响？答案是肯定的。对日常的和周日的宗教活动兴趣的逐渐丧失，梵蒂冈二世的改良花招，对教皇性道德言论的轻视，所有这一切不过都是表面现象：去基督教化仅仅流于表面和形式。无论是不可知论者、立场含糊的无神论者、后天的无信仰者还是迫于习俗的虔诚者，他们中的大部分还是会让自己的后代受洗，会在教堂举行婚礼（为了取悦家人！），会在有神职人员的基督教场所参加其亲戚的葬礼，或是举行自己的葬礼，以获得上天的赐福。

基督教正在走向没落的感觉只是一场幻觉。更加反常的是，虽然表面上给人以深层改变的印象，但20多个世纪以来深入欧洲社会骨髓的思想逻辑仍在公共可见的微小之处继续着。上帝死了？犹太基督教给出的解释是诡计：根本没有看不见的尸体这一回事，让神存在的那个"人"远没有死，反而活得非常好，也就是说：为了应对现实的悲剧——凡人皆有一死——人们更偏爱非理性，这让他们找到了出路……

以政教分离为例：1905年正式颁布的政教分离，使神权无法参与统治社会的各个领域，这的确是重大进步。但后续没有引发新冲突，亦没有新成就，最终呈现的是一幅静止的画面，然后是衰退，继而人们开始怀念过去——陈旧、闭锁、过时，这些字眼如今常与政教分离联系在一起。基督教的到期时间似乎没有作用，因为人们并没有建立起一个有活力的、发展性的、辩证性的政教分离，即后现代的政教分离。

让我们来验证一下：旧时典型的政教分离往往可以归结为，用新康德主义的词汇打造犹太基督十诫和福音道德。比起求助于道德方面的修士——或政治方面的，其实都一样——所捍卫的《圣经》和《新约》，那时的人们更倾心于共和国的黑衣轻骑兵和教员。那些不一定明白自己授课内容的教员，在品德课上讲授《纯然理性界限内的宗教》《道德形而上学原理》以及《实践理性批判》，但所讲的只是一些浓缩成格言的训诫性短语。

尽管词汇不同，表达方式各异，还有各种自认为互相敌对的理念，但是人们所推崇的价值标准，一直以来都一样：尊敬父母，为国奉献，重视他人——关爱周围的人或博爱，与异性组建家庭，尊重前辈，热爱工作，推崇好的品德——善良和团结，慈悲和宽容，施舍和互助，善行和正义……而不是恶行，等等。这些能指的建立固然有其价值，但从今往后，关键是要实现其所指。

如果我们可以继续深挖，就会发现宣称世俗化的法国司法精神，它的基础其实很大程度上仍停留在犹太基督教层面，打着秉承自由意志的旗号，无视各种决定论，自由选择适用准则的故意过失就是一例，导致了对个人义务的信奉，自此，这一理念便可以惩戒开脱，然后再令人赎罪，这样的过程无异于地狱式的轮回。如今的生物伦理学亦是如此，它仍然按犹太基督教的幻象在运作：赞颂"萨尔维"① 力量——梵蒂冈所造的新词——赞颂痛苦，赞颂与原罪相关的死亡，赞颂由神意的未知命运带来的疾病，等等。教育体系、美学界或是其他各个领域都是如此：我们文化中各部分的知识体系，都是按照圣经式的原理建构起来的。

意识形态的敌人不在梵蒂冈——无足轻重的国家，像连环画里的机构——而在人们的意识中，甚至是无意识中。这种思想方式是个体的，这毫无疑问，但也是集体的、共同的。我认为这与荣格的原型理论无关，而是一种社会固有的非理性传承，在可能不自知的情况下，社会将犹太基督注入了个体认同和集体认同中。这一知识体系需要我们去认识，去分析，去剖析，去超越。

势在必行的去基督教

为继承 18 世纪的启蒙运动思想——其超越历史的典范作用大于其考古价值，让我们试着去创造一种真正的后

---

① 即救赎他人。

基督教世俗，这种世俗性关注的不是词汇、语言、文字的改变，而是变革本质。如果不去实践所继承的伦理、意识形态、本体论和政治，新的文明就无法创造价值体系。那么要保留什么？理由又是什么？哪些是我们能摧毁、超越、保留、调整、规划的呢？哪些又是我们应该摧毁、超越、保留、调整、规划的呢？根据什么样的标准？又为了什么用途呢？

暴力并不能实现去基督教化：恐怖时代的断头台、屠杀反抗的神父、焚烧教堂、洗劫修道院、侵犯修女、用圣物打砸教堂设施，不管出于何种理由，这些行为都不值得为之辩护。颠倒黑白的宗教裁判所并不比当时的天主教裁判所更合法、更合理。应从别的路径寻找解决方案：拆解理论，重拾葛兰西的思想。

在下一个文明到来之前，身处穷途末路的文明陷入巨大的危机之中：非理性大行其道，奇幻思想甚嚣尘上，廉价的意识形态解决方案大量涌现。而且，一种文化的瓦解总会经历漫长的风化过程，这正好给冲动性的、直觉性的、动物性的思想蠢蠢欲动提供了有利条件。仿佛一个时代的顶峰应该把位置让给原始冲动的杂烩。理性之后，就是非理性。

然而，后现代的世俗性能推动这一进程，加快历史前进的步伐，走出欧洲的虚无主义。只要能结束这个漫长的循环，只要能让长久痛苦的末日不再重现，只要能让死亡快速、合适地发生，就没有必要守在一个生命无所指望的垂死之人的床头，对他进行非理智的无望抢救。欧洲曾是基督教的，现在仍然是，出于一种类似条件反射的习惯。

后基督教应从前基督教里吸取教训。那么，对于取代古代柏拉图主义思想的新伦理，我们应该要求：**尊严**而非过失的道德，**高雅**而非伪普世的伦理，**内在**而非超验的游戏规则，**能增加生命力**而非减损生命力的美德，**对生活的热爱**而非消极感情，**享乐主义**而非唯心禁欲主义的构想，**与现实的紧密相连**而非对天意的臣服，等等。

对虚无主义的回击并不在于复兴基督教：发现基督教衰落之后，有些人得出的结论是，必须努力使之复兴，要么继续秉承传统，要么改良这些与老天之间的调和伎俩。所以，要么回归到某个原教旨主义，要么致力于创建一个新主义。美国的全球霸权主义选定了原教旨主义的基督教，将伊斯兰教置于作战的视野之中，更确切地说，是置于其瞄准的目标，而伊斯兰教如今已变成遭压迫的文化和少数人的最活跃的精神鸦片。

可供选择的表达在两种一神论的极点之间摇摆起来：犹太基督教或伊斯兰教。人们大可避开这个可怕的死胡同，选择第三种解决办法：既非犹太基督教，也非伊斯兰教，而是在别处的一种真正的无神论，抛开《旧约》《新约》和《可兰经》，转而推崇理性的启蒙精神以及西方的哲学思想。我们反对的是唯一典籍的宗教，它排斥其他宗教典籍，在厌恶理性和知识、排斥女性和身体、反对激情欲望和生活的方面相互勾结，我们宣扬的是狄德罗和达朗贝尔（D'Alembert）的《百科全书》的精神……

让我们摒弃幻想和谬论，在哲学中找寻答案——只要它没有像教会圣师的著作那样，沦为为暴行辩护的工具。如今暴行的践行者多如牛毛，比如那些过度推崇美式自由主义、形形色色的资本主义、加速这一进程的拥有各种权力的知识分子。之所以这样讲，是因为我们常常忽略那些暗中与宗教和国家权力合作的哲学败类，18世纪就已经有这样的人：他们在"反哲学"的神庙下聚集了一批被历史遗忘的人——勒拉尔热·德·列那热（Lelarge de Lignac）、博基尔修士（Bergier）、雅克布·尼古拉·摩罗（Jacob Nicolas Moreau）、卡拉西欧里侯爵（Caraccioli）等，而他们面对的是绝不会那样做的人，是启蒙运动的哲学家们——没有人不知晓他们的名字……

主流历史编纂保留了一部分启蒙时代的哲学家，这些哲学家毫无疑问是美丽的光。作为对基督教精神的让步，他们大部分都是有神论者、自然神论者或是泛神论者。然而，我推崇那些更加激进的启蒙哲学家，他们经常被遗忘，他们是坦白而直接、毫不含糊而头脑清楚的无神论者——从梅里耶修士（Meslier）到霍尔巴赫（Holbach），其中还有拉美特以及其他哲人。正是 18 世纪初开启了后基督教时代的新纪元。今天，无神论值得被重新定义，用以对抗一神论的天下，我们应该为这些人建立无神论谱系。后基督教时代的无神论，让与之相关的道德体系愈加成为可能。

后基督教的无神论

后基督教的无神论这一表述可能会给人冗长的感觉：它唯一想强调的是，我们已超越了基督教，走出了宗教的时代。鉴于当今知识体系中犹太基督教的渗透作用，无神论也应首先被打上天主教的烙印，目的是产生一种基督教式的无神论。这一看似自相矛盾的表述，描述的是一种真正的概念目标：一种明确否认神的存在的哲学，这毫无疑问，但它同时又保留基督宗教的福音价值。

因此，上帝之死与对《圣经》道义的继承可以并行不悖。支持这一独特观点的人，必须先摒弃超验性，然后捍卫部分基督教价值。对于这些价值，人们不会再去论证理论的合理性，但从社会合理性的角度来看，它们是值得保留和尊敬的。天上空无一人，这是自然的，然而在人世间我们仍然可以凭借关爱世人、宽恕过错、乐善好施等美德活得更好。只不过这些美德在之前被命名为慷慨、怜悯、仁慈、感恩、谨慎、克制罢了。

后基督教无神论坚持"危险上帝"的理念。它不否认神的存在，只是从本质上将之简化：上帝是人类制造的异化，制造的逻辑是，将人类自身的无能聚集成一种非人的力量，说到底，就是人们崇拜的是一种脱离自身的自我本质。依据这种包法利主义的逻辑，人类并不想看到他们本来的样子：生命有限，力量有限，知识有限，权力有限。因此，人类便幻想出一个概念式人物，他拥有人类缺乏的所有特性。因此，神便是永恒不朽的、无所不能的、无处不在的、无所不知的，等等。

一旦揭开上帝的奥秘，后基督教无神论便进入第二个阶段。必须继续解构《新约》传承的价值，这些价值阻碍了真正的个体主权，限制了主体性的必要发展。第一次世界大战万人残骸之后的价值观，是纳粹的死亡营和斯大林集中营的兽性，广岛和长崎之后，是西方法西斯国家的恐怖主义和东方的共产主义体制，在波尔布特之后，在卢旺达种族大屠杀之后，这一切都让 20 世纪染上了鲜血，我们不能因为没有切实可行的目标，就满足于臆造无效无能的神性灵魂。应该建立一种更加质朴且能对现实产生影响的道德。不再是英雄和圣人的伦理，而是理智的伦理。

5

内在游戏的规则

美学的伦理

只要上帝仍是主宰，那么伦理就是神学的附属。从西奈半岛开始，真、善、美、正义的概念皆出自十诫。这些不需要研究，不需要寻找基础，不需要追本溯源。摩西十诫、摩西五经、福音书、圣·保罗使徒书信，在神圣的时刻会发挥效力。上帝不辞辛苦亲自向世人解释，或派他最忠诚的使者向世人解释人与自己、人与他人、人与世界之间一切行为的奥义。上帝已经如此，有谁敢蛮横无理、背信弃义地去讨论和质疑这一切呢？又有谁自负自满到去质问上帝呢？除了哲学家——只要他名副其实……

因此，有神学就够了。伦理不可能追求自主性。伦理从天而降，来自心智世界。道德体系并不源于内在契约，而源于圣灵显现。上帝说，人类听，然后服从即可。当上帝含糊其辞时，当人类理解困难时，因为上帝并不总是有时间，神职人员便成了他全天候的值班者。你去问神父，问主教，问红衣主教，他们会告诉你。神学，称之为神圣科学，那是错误的，事实上应该称之为驯化科学，以上帝为借口驯化大多数人的科学。

最早的反抗运动可追溯到 17 世纪：笛卡儿首次推动了数学和几何学的发展；莱布尼茨为在科学中找到描绘宇宙的语言而坚持不懈；伽利略也距那个时代不远，是唯物主义名流；斯宾诺莎试图用几何学逻辑来认识现实；牛顿排斥了神意，用代数语言写就的定理来解释掉落的苹果，而非神学用语。上帝后退了，人们在慢慢地打发他走，道德体系因此而获得了些许自主性……

巴洛克自由思想者的信仰论为无神论的出现奠定了基础。上帝当然存在，那么，伽利略只能以彻底放弃自己的思想为代价来逃脱一死吗？非得在鲜花广场上烧死焦尔达诺·布鲁诺，在图卢兹烧死朱尔·恺撒·瓦尼尼（Jules César Vanini）吗？一定要把泰奥菲尔·德·维奥（Théophile de Viau）关在巴士底狱，把他的著作尽数烧毁吗？难道还有比这更恶劣的行径吗？与此同时，沙朗、笛卡儿、帕斯卡尔、马勒伯朗士（Malebranche）以及其他很多人都发现自己的作品被归到了天主教的禁书目录……

法国大革命加速了反抗进程：从信仰论进入自然神论，与有神论拉开了一段距离……无神论步步逼近，基督教穷途末路。作为上帝在人间的代表，国王被斩首，上帝沉默不语。人们放火烧教堂，洗劫神龛，侮辱修女，打碎十字架和圣徒塑像，上帝仍一言不发。人们改变祭祀场所，为女神立庙。沉默，还是沉默，永远的沉默。目睹了上帝这些显而易见的无作为，人们的幻想才终于破灭。

经历了法国大革命的震动之后，19世纪涌现出了各种新范式。奥古斯特·孔德的实证论、蒲鲁东的系列辩证法、傅里叶的激情数学、空想家们的社会物理学以及马克思的唯物辩证法，如此众多的现象表明，道德和政治已经不再诉诸天和神学，而是立足于地、大地和科学。获得了各种财富和真福，所有人的目标都转向同一个：摆脱一切超验的世界，在那里人们显然也要倾诉，却是对自己的同胞、对另一个非上帝之人的倾诉。

数学范式代替了神权政治范式。然而，从最遥远的年代开始到路易十六被斩首，神权政治范式已运行数千年，时间跨度很长，影响非常大。而替代范式发展的时间则有限：从路易·卡佩头颅落地到柏林墙倒塌，或者再往前推几十年……一百多年，不会比这更长了。不可同日而语的两段时间跨度。神学统治的时间太久。科学也经常只满足于数学化千禧年学说，或用唯一的形式进行变换。千禧年主义、末世论思想、救世主言论和先知言论渗入了各种社会变革中，也渗入了社会主义、乌托邦和共产主义的构想之中。

在所谓的"松散派"① 艺术家之后，特里斯唐·查拉（Tristan Tzara）在苏黎世的咖啡馆里，宣告了达达主义的诞生［《达达》（1917）］，马里内蒂（Marinetti）用圣水浇灌了未来主义［《未来主义宣言》（1909）］，安德鲁·布勒东为超现实主义涂上了圣油［《超现实主义宣言》（1924）］。然而第一次世界大战破灭了新科学、新世界的希望：这场荒谬、卑鄙、狂热、疯癫、狂躁、暴烈和血流如注的战争，给西方带来了持久的伤痛。而应急的药膏便是美学……

1917 年正值攻打凡尔登之时，马塞尔·杜尚，这位"反艺术家"开始了他的玩笑并带来了巨大震动，他展出了《泉》。这是首个成品（ready-made）——翻译成法语就是 préfait——它标志着美学史上一场哥白尼式的革命。这件形而上的小便池粉碎了康德的《判断力批判》，也粉碎了柏拉图主义的艺术理论和其他相关理论。两千年来有关"美"的传统理论，一眨眼之间土崩瓦解。忽然间，"美"被炒了鱿鱼，新思想横空出世，认为观众才是画作的创造者。

杜尚还带来了另一场革命：艺术载体的变革。在艺术

① 法语为 Incohérents，指法国 19 世纪末昙花一现的艺术流派，创始人是儒勒·列维（Jules Lévy），提出了"松散艺术"的概念以对抗传统的"装饰艺术"，有"反艺术"的意味。

史中，从最初开始，艺术载体就一直是高贵的、上档次的精细材料——彩色颜料、大理石、铜、金、银、铂……如今出现了新的载体，从最高贵的到最不值得一提的都可以拿来作为载体，比如粪便、灰尘、垃圾等，或者一些寻常之物，比如绳子、纸板、塑料，还可以是非物质的东西——声、光、想法、语言……不管是最优质的还是最低劣的，所有的一切，无一例外，都可以成为艺术的载体。既然如此，"存在"为什么不能呢？只要哲学家们对这场可能的革命心里有数，那么从思想上来说，美学伦理实现的时机就已经成熟了。

雕塑自我

我们都知道那个有关雕塑的古老隐喻：普罗提诺在其《六部九章集》中曾经使用过，他邀请每一个人来雕刻他的塑像。因为从先验角度来说，存在是空洞的，是虚的。从后天来说，他是他成为的那个人，被他人塑造的那个人。用现代语言来表述，即存在先于本质。每个人都部分为自己的存在和未来负责。同样，只要雕刻者的刀子还没决定赋予雕像什么形象，用来雕塑的大理石块就是天然的、无身份的。形象并非固有地存在于材料之中，而是随着雕刻的进展逐渐显现出来的。一天又一天，一小时又一小时，一秒又一秒，作品渐渐成形。每个当下都在建构未来。

那么，我们到底在试图建构什么呢？一个"我"，一个"自我"，一种彻底的主体性。一个独一无二的身份。一个个体的实在。一个大写的人。一种非凡的特征。一种唯一的力量。一种绝妙的能力。一颗划出新轨迹的彗星。一种在宇宙混沌中辟出光明大道的能量。一种美好的个性，一种秉性，一种气质。我们无意于创造杰作、追求完美——那是天才、英雄、圣人做的——而是追求从未有过的自我显现。

哲学传统总是宣称不爱"我"，到处叫嚣着对"自我"的憎恶。很多当代哲学家在捍卫这一理论时，眉头根本不会皱一下。但随后，在其作品和文章中，他们又将自己的童年生活细节广而告之，为自己立传，证明自己的学历和年轻时的荣誉。有人会记录童年时代家族农业财产的细节，有人会披露少年时的学习状况，甚至还有人会用一本书的篇幅，絮絮叨叨地撰写他那神经过敏的忧郁历史……

这种分裂产生了一种矛盾：如果他们认为憎恶自我是对的，那他们就应噤声不语；如果他们以第一人称言说，就应把文字与思想统一起来。因此，我认为有必要进行理论上的修正，以便让存在的自我分析得以继续，在我看来，这种自我分析能让人更好地理解一种思想发端于何处、现在如何、又将去往何方。

如果想要反对自恋、自我崇拜以及孤芳自赏，还想要反对不加区分地排斥所有的第一人称，那就要找到衡量"自我"的正确方式，以及必要的修正自我和恢复自我的方式。既非纨绔子弟漫画式的画像，也非追寻形而上的苦衣，而是用一种既不癫狂也不夸张的手法书写"自我"，既不是批判，也不是自我安慰，而是有逻辑的：像笛卡儿那样，在精神上努力寻找"我"，只有获得类似的结果，才有可能最终建立一种伦理。没有起点，任何伦理目标都无法达成。

唯有这个"我"才有可能使世界发生偏斜①：因为"你""他""她""我们""你们""他们"和"她们"会关联出如此多的相异性样态。一个亲密的他者，你跟他以"你"相称，你们之间是亲近的，但第三者便远了；而基于某个共同意愿被联系起来的"我"的集合体，在其中，第三人仍是亲近的，最为疏远的人也被连接了起来。如果自我与自我之间的健康关系（这种关系就是用来建构"我"的）不存在，那么自我与他者之间的关系也不可能建立。自我认同失败，或者缺乏自我认

---

① 指原子运动中的偏斜，为伊壁鸠鲁用语。

同，就谈不上伦理。只有"我"的力量才能让道德发挥作用。

任何为某种力量所累、被某种能量打磨的"我"，受各种决定论的影响身不由己的"我"，所构建的都是有缺陷的"我"。遗传决定论、社会决定论、家族决定论、历史决定论、精神决定论、地理决定论以及社会学决定论，这些繁杂的理论从外部塑造"自我"，让"自我"残忍地接受来自这粗暴世界的各种力量。遗传、父母、无意识、时代、每天看到的世界、教育、际遇、社会遭遇，所有这一切在不断捣碎原本柔软可塑的材料，预先将其定义为……杂乱无章。监狱，精神病院，心理诊所，疗养师的治疗间，夫妻咨询师，条件反射学专家，利用对物体放射感应能力的探测者，动物磁气疗法施行者，占卜师，性学专家诊疗室，药店前等待购买精神药物的长队，如此多的后现代巫师在无数弱小的"**自我**"周围群魔乱舞，这些支离破碎的"**我**"，这些未完成的身份建构。

神经元的突起

伦理学关乎的是身体而非灵魂。它源自大脑，而非意识的迷雾。身体与灵魂的二元论、广延性实体与思维实体（二者经由一种神奇的松果腺相连）的二元论，在最近有趣的神经元人①的论证出现之后，已经成为明日黄花。自留基伯开始，唯物主义哲学家一直在证实这一谱系的真实性。

我就是我的身体，不是什么其他的。伦理也是以此为基础。这里的身体远非本体论中的身体和现象学家口中纯洁的身体，也不是德勒兹臆造的无器官身体——创造了处于破碎边缘的灵魂，肉体通过成系统的器官将自我安排得当，然后为身体这台卓越机器的运转制造必要的联结。

早前无信仰者的"朴素唯物主义"一直与"基督徒的精密生机论"相敌对，双方旷日持久的争论催生了另一种辩证思想——"生机论唯物主义"。在该思想中，主体仍然是物质，不是其他，但永久的流体会一直在该物质中流动，即使这种流体超越了单纯简单的原子排列，仍可以被简化为同样的物质。

介于两种物质间的物质仍然是物质，也是由内在力量控制的，只不过这种内在力量还有待科学来揭开其中的奥秘。借用尼采的表述，肉体才是"大理性"——然而大脑是这种"大理性"的"大理性"。因此，大理性在道德范畴中起着主要作用。既然伦理并非现成的，而是被制

---

① 法国神经学家让·皮埃尔·尚热（Jean-Pierre Changeux, 1936 - ）的著作《神经元人》，主要讲述神经系统与认知功能之间的联系。

造、被构建的；既然伦理涉及唯意志研究；既然伦理像当代艺术一样被定义为赝品材料般的存在；既然大脑发挥着数字中心的作用；我们就有必要让神经元突起，将伦理学渗入神经系统之中。然而，教育起着决定性的作用；规划编排形成基础。没有基础，任何道德都无从谈起。

善与恶、对与错、正与邪、美与丑都是人类的判断，是约定俗成的、相对性的、历史性的。这些认知形式并非先验存在，而是后天形成，它们的存在都应被纳入神经网：没有神经元的联结，就没有伦理。因此，伦理学需要的是一具浮士德式的身体，被赋予力量和初始智慧。伦理是自我构建的，被记录在大脑物质中以产生突触，并以此确保伦理活动的解剖学运转。

伦理并非人神之间的宗教之事，而是一件内在的事，涉及的是人与人，没有任何旁观者。主体间性调动的是精神表现，也就是神经元表现：他者并非一张面孔——列维纳斯派请谅解——而是在一个神经元设备中活跃的神经信号集合体。若这个网络没有在一开始就被制造出来——由父母、老师、教员、家庭、阶层、时代……那么任何伦理都不可能出现。

因此，唯物主义已经不再是纯粹必然性和必要性一统天下的局面。一种相互作用改变了上述两种诉求：社会构建个人，个人构建社会，两者相辅相成，从实质上互相改造。普世、永恒、超验的伦理让位于特定、暂时、内在的伦理。

在这个匡正政治的时代里，神经元突起并无意反对其他更体面的事物，因为我们逃脱不了这样的局面：教育缺失，放弃价值的传承，妥协于任何一种教育事业——这些似乎成了我们的时代特征，所有这一切构成了另一种消极的神经元突起，非常危险，因为它纳入神经系统的并非伦理法则，而是丛林法则。

因此，动物生态学家很好地分析了这一伦理缺陷：每个人都在某个场所生长、发展，这一场域就是雄性统治、雌性被统治的决定论场所，每个人都是乌合之众的一部分，是种群中的一分子。部落统治和人性统治相对立。要进行名副其实的政治革命，首先要构建出伦理式的大脑。这正是启蒙时期那些卓越的哲学家们的伟大构想。

6

享乐主义的主体间性

享乐主义契约

既然神经元机器存在，那么就得有内容，机器不能凭空运转。大脑是工具，是方式，但绝不是目的本身。如果神经元突起按照神经系统的规律运作，就必须赋予一种目的论：什么事物会触发神经元？为了什么？依据什么样的标准？任何教学都必须有一套规划。没有明确定义的目标，伦理就没有意义。什么样的游戏规则值得为之努力和全身心参与？是什么触动了我们？

答案是：一种和平、愉悦、幸福的主体间性；一种灵魂与精神上的平和；一种存在的宁静；与他人轻松的关系；两性之间的舒适和谐；人为经营所有的联系，并将其置于文化的最高层面；高雅、礼貌、谦恭、诚实、信守诺言；言行一致。换句话说就是：终结纷争，规避霸权和奴役思想，拒绝不管是实际的还是象征意义上的领土争端，清除我们身上的动物性的残留。更简要地说：极力压制每个人体内的动物性，从而唤醒人性。

这当然是理想状态……然而众所周知，实际上，伦理主体并非都具备了"我"，也并非都具备了结构精良、清晰明确、积极健康的"自我"。很多人，甚至是大多数人，都缺乏身份认同。没有完成的自我，脆弱且空虚，有裂缝和断痕，有黑暗之处和危险地带，压抑着死亡冲动、施虐冲动和受虐倾向，整个无意识被毁灭或自我毁灭占领着，如此种种都让人认为这世上并没有完美，人们只能带着这些普遍的消极性一直往前走。

确实，现在没有人会认为，正常与病态、理智与疯狂、精神健康与行为失常之间有明确清晰的界线。精神病院会收容一批人，但他们并非所有人都该进入这一监狱式的体系，然而有另一批人，数量不少，他们本该进精神病院的，却在日常社会中身居要职。甚至，一些了不起的病人会在参与各种体面的社会活动的同时，控制自己的自大、癫狂和偏执。理性权威之人、职业政客、社会银幕上的跳梁小丑、世界文化舞台上的癔病患者，他们会获得某种升华，从而避免让自己沉浸于封闭的喜悦……

然而，将自己内心不为社会所接受的冲动引向社会所承认和推崇的价值，这对于大多数普通人来说，是不可能实现的。不可避免的社会的、伦理的伤害仍在继续，且常常突如其来……我用"人际关系罪人"来描述这一类人，他们缺乏责任感，但也不至于有罪，他们是一系列的存在装置的一部分，这一系列的存在装置将他们变得无能，让他们不能订立和维持任何一种伦理关系。

因为伦理关系正是建立在这样的契约之上的。我们是人类，作为人，就应具有交流能力。首先，是语言交流，这是自然的，但还有其他数千种符号可以行使传递信息、解码信息、接收信息和让第三人领会信息的职能。还有非言语的肢体沟通，如面部表情，身体姿势，声调、音调的变化，语流节奏和微笑，这一切都是人际关系本质的具体表现。伦理的零度是**情境**。

伦理的第一度：**预判他人的所求**。他要什么？他在对我说什么？他的意愿是什么？这都是必要的考虑。获悉了我所处情境中第三方的意图，接下来再回过头来阐明自己的意图。但自始至终都是通过符号交流，也就是语言。这个游戏在相关双方之间不断往复，一来一回也成了**契约**。若没有这种双务逻辑，就没有伦理。只有以信息交换为基础，伦理关系才能产生。

对于人际关系罪人，一旦接受了信息，其存在之宁静就受到了威胁，解决的方法便是一种相应的反应措施：**回避**。从积极方面来讲，享乐主义就是寻找欢愉，这一点毫无疑问，但从消极方面来讲，它是对一切不快的回避。任何不健全的心理都会妨害所触及的一切。除了自残欲望——这也是具有契约性质的伦理……——回避可以修复精神和平以及生理和谐。

在某些情况下，敬而远之并不可行。因为总有一些人，出于各种缘由，我们不得不与之保持联系。那就保持联系吧，至于伦理上的解决办法，就是维持一个恰当的距离，我曾在《雕塑自我》里称之为"最优距离"。既不过于亲近，也不过于疏远。既不用拒之于极端明确的界线之外，也不必将自己置于危险的边缘。不用自我暴露，不用主动上门，也不用放任自己，为自己保守秘密，经营这段距离，珍惜这种审慎，保持不透明，善用谦恭和礼貌，这便是维持畅通却超脱的人际关系的技巧。目的是什么？为了避免自我的内核陷入困境。

伦理圈

基督教伦理敦促世人应像爱上帝一样爱众人。若我们全面考虑一下这句箴言，它又会意味着什么呢？首先他人并非目的，人们爱他并不是为了他，因为他就是他，人们是将此视作一个机会，一个接近另一样东西——上帝——的方式。第三者？不过是接近上帝的台阶罢了。他人所承受的爱并不是给自己的，因为他被爱是为了向造物主说明大家都爱他的所造之物。爱他人，就是爱上帝：这种伦理的实现主要依赖祷告。

这种从词源上来讲"非人的"伦理，针对两类人：一种是可爱之人，他们似乎天生就招人喜欢，对于他们，人们没有必要强迫自己爱他们，爱他们是受到吸引力的驱使，是内在的倾向；另一种人是可恶的，各种各样不同程度的人际关系罪人：轻微的有萨特式的混蛋，严重的有死亡集中营的刽子手，介于其中的还有偶尔的施虐狂，平日里的坏蛋，作恶成性的恶人，刑讯逼供的施刑者以及与负面伦理相关的各种人。爱他们吗？可是为什么呢？

以什么名义，以谁的名义，我们才能在面对一个可憎之人时依然履行爱众人的义务？我们要以什么样的理由让一个受害者去爱害他的人？他跟我一样是上帝的创造物吗？上帝为他铺就的作恶之路是常人不能理解的吗？这套说辞能说服那些笃信基督教废话的人，那其他那些尚未沾染这些谬论的人呢？到底要奇怪反常到什么地步才会提出如此闻所未闻的指示：去爱那些将我们毁灭的施刑者？奥斯维辛正好显示了这一伦理的极限：写在纸上尚且算有趣，但对实际生活来说，毫无意义。

为了反抗这种拒绝人类的上帝伦理，我提出一种"选择性的高雅伦理"。这种伦理所追求的不是神圣，而是智慧。作为对基督教三位一体中荒谬对应关系的反抗，我支持一种几何式的伦理圈,从一个中心点出发,自我——每个人都是自己伦理装置的核心——围绕自己,以同心圆的方式,按照"是否与他建立亲近关系"的各种理由,安排他人在同心圆中的位置。并不存在确定的位置,处于这一空间的每个位置安排都源于自己与他人之间所说的、所做的、所表现出来的、所证实的和所给予的,这些都是关系品质的表现。没有友谊,有的只是友谊的证据;没有爱,有的只是爱的证据;没有恨,有的只是恨的证据;等等。因此,他人的所作所为都可以用算术来计算,通过记录,我们可以将与他人关系的本质简化为:友谊、爱情、温情、同事之情,或者相反的……

这里有两个简单的动作:选择和排斥。一个是离心力,另一个是向心力。一个是排斥至边缘,另一个是靠近自我。这种伦理是积极的、不停歇的,一直在运转,永久地与他人的行为产生联系。因此,他人在我的伦理图表中的位置取决于他的行为。从享乐主义的角度来说,渴望获得他人的欢愉,会激发"靠近自我"的运动;而对他人的不悦一旦被激活,就会引发相反的运动。

如此一来,伦理关乎的似乎更多的是实践而非理论。愉悦的实用主义成了游戏规则。行动——思想、语言和动作——才是原动力。柏拉图式的友谊并不存在,存在的只是其表现,友谊的表现让人靠近,而敌意的表现让人远离。我们可以用同样的方式来思考存在的至上品质：爱、深情、柔情、温情、体贴、敏感、坚韧、大度、礼貌、客气、友善、教养、热心、专注、谦恭、宽厚、奉献，以及其他可以被归到"善"名下的品质。这些美德可以创造卓越的关系，而不足以与过失渐渐远离。

还应补充的是，伦理关乎的是日常生活，是缜密的人际关系纽带上微小的表现，而不是纯粹的思想或架空的概念。伦理将看不见的、难以名状的、最微乎其微的、难以察觉的事物提升到至高无上的地位。整体的道德标准源于难以感知的事物，好似显微镜下的东西，只有训练有素擅于观察原子变化的眼球才能看到。该装置永远在调节平衡，即便是蝴蝶的一次振翅也会对它造成影响。也就是蝴蝶效应……任何一个人都在他人的装置中以不稳定的方式发展演变；每个人都居于自己装置的中心；所有人的位置都是暂时的。只有密切的伦理联系、殷切的道德关注以及妥当的行为，才能维持一个卓越而稳定的极点。

没有终极审判，也没有以超验形式操控道德问题的力量，更不会有以神圣正义之名在死后遭受的即刻惩罚……在这个内在的伦理中，审判是即时的。在这场永不停止的布朗运动中，上帝不会评判，任何东西任何人都不会评判，结果只取决于关系。唯一可能的结果就是一段关系的瓦解或加固：除了这些具体的表象之外，什么都没有。那就没必要为此去求助某位神明……

礼节的辩证法

在既定情况下，享乐主义总会存在一个计算式让人们可以衡量预计的愉悦或者可能的不悦。我们不妨列张单子，列出可能出现的让人享受和愉悦的事物，以及可能出现的让人失望和不悦的东西，然后进行判断、衡量和计算，之后再采取行动。伊壁鸠鲁如此解释这条数学规则：如果此时此刻的愉悦要以之后的不悦为代价，那么就不要贪图这种愉悦。放弃它。更好的做法是：如果当下的不悦会带来之后的愉悦，那么就应该选择它。所以，要避免瞬时纯粹的狂喜，因为无意识的享乐是对灵魂的破坏……

欢愉的总量应该总是多于不快的总量。在任何一种享乐主义伦理学中，苦难扮演着绝对的恶。很显然，这种苦难既包括遭受的苦难，也包括强加的苦难。因此，欢愉就是绝对的善，欢愉的定义是没有烦恼，是获得平静、征服平静、维持平静，又是精神与灵魂的安宁。这个概念游戏看上去很复杂，精神上的紧绷会让人觉得这根本不具备可操作性。对第三者持久的关心，始终在构建的伦理图景，一刻都不停息的道德戏剧会让人认为，这项难以维系的庞大提议并不比犹太基督教的圣灵道德更具可行性。

确实是这样，但只有一开始就缺乏神经元突起才会如此，因为神经元突起能以条件反射的形式内化这种行为方式。如果存在事先的伦理教育，神经束能正确运转，这项算术就不需要太多的努力。不仅如此，这项算术施行起来的流畅度甚至会让人产生愉悦感，因为让自己符合伦理，实践道德标准本身就可以带来欢愉——根据灰物质中享乐神经束的补偿要求。

任何对欢愉的计算都必须顾及他人——不管在哪种伦理中，对他人的定义始终是核心内容。在反对者看来，享乐主义常常被认为是我们这个时代的匮乏综合征：个人主义常常与利己主义混为一谈，前者认为世上存在的只有一个个的个体，而后者认为世上只有他自己，自闭症，消费主义，自恋癖，总的来说，就是对他人的痛苦以及整个人类的痛苦漠不关心……

事实上，享乐主义所捍卫的正是上述的反面。如果自身的愉悦要以他人的不快为代价，那么这样的愉悦永远不会是正当的。只有在一种情况下，引起他人的不悦才是情有可原的：为了避免第三者消极面的破坏欲爆发，我们别无他法。换句话说，在冲突不可避免时。他人的愉悦会诱发我相同的情绪，而他人的不适也会让我感同身受。

基督教的伦理是静态的，它脱离于历史，探讨的是绝

对，与之相反，我提出的伦理是动态的。它并不依靠理论
而活，而是依靠具体情境。让我们做个唯名论者，将他人
视作一个可供论述的概念，而不是别的。他人绝对不是某
个人文主义宗教中的上帝，因为个体只出现在具体的情境
中。

　　关注就意味着会有紧张状态。若想获得一段成功的、
让我有满足感的关系，那么，他和我之间就必须要有人类
学和心理学上的趋同。他的快乐是我的快乐的组成部分，
他的不悦也一样。各种伦理契约总是在教化"他者"。然
而，伦理这门细节艺术，却存在于微小的表现之中：一个
词、一个手势、一句话、一个关注，这才是伦理的场域，
而不是某个哲学家的世俗布道，搬弄些诸如"自身的真
善"或"绝对美德"之类的概念。

　　事实上，在众多类似真、善、美、正义的伟大美德之
中，人们不可能找到一种能产生巨大作用的小品德。善
吗？怎么实现？以什么方式？跟伟大人物探讨，只会让所
有伦理主体间性远离实际、远离地面。扬基里维茨卷帙浩
繁的《美德条约》在面对真正的伦理行为时，常常束手
无策。

　　礼节为伦理的实现提供了道路。小小的一扇门后面是
一整个城堡，它把我们直接导向他人。礼节指的是什么？
它确认我们已经看到了他者，也就是他者的**存在**。把持着

这扇门，实践日常礼节，贯彻"有礼貌"逻辑，懂得致谢、欢迎和给予，在微小的社群——两个人——中维持必要的愉悦，这就是在**制造**伦理，**创造**道德，*演绎*价值。处世之道就是存在之道。

　　教养、谨慎、柔情、谦恭、文雅、得体、体贴、审慎、殷勤、慷慨、捐赠、付出、关爱，享乐主义的道德主题有着如此多的内容。跟精神上的计算一样，享乐主义计算方法也需要经常练习才能达到必要的速度。平时越少实践礼节，就越难让它发挥作用。反过来说，越是积极实践，它的效果就越好。习惯之后就能形成神经元突起。除伦理场之外，只有动物行为的场，无礼就是原始粗野的表现。哪怕最贫穷、最卑贱、最微不足道的文明也有自己的礼貌规矩。只有分裂的文明，穷途末路的文明，被另一种更强大的文明征服的文明，才会回到原点，不再讲究礼节。而面对异性的礼节程式就定义了什么是情欲。

•••● 第三部　阳光的情欲

7

禁欲典范

缺失的神话

两千年（大约）的犹太基督教，在西方人的身体构造上留下了痕迹。不断被反复的毕达哥拉斯学派传统，尤其是被一遍又一遍重申的柏拉图学派传统，给笃信基督教的欧洲遗留下了一具精神分裂的躯体，它憎恨自我，试图通过所谓"不朽灵魂"的唯一幻象来救赎自己，却最终沉溺于主流意识形态精心打造的死亡冲动之中。

像小克雷比庸（Claude Prosper Jolyot de Crébillon）书中所描述的，若分析师的沙发和性学专家诊疗室的扶手椅能说话，我们极有可能会听到很多令人瞠目结舌的性事，力比多的各种倒行逆施。为了避免恋动物癖、恋童癖和恋尸癖这些字眼，我会在后文中将其统称为性悲剧。我们还能感受到人类受暴力的驱使而沉溺于消极事物的消极倾向。为了缩小范围，此处主要讨论典型的异性恋，他们同样可能遭受野蛮的暴虐行为。

情欲是性的解药，这里的性是从兽性的角度定义的：如果性能单独发言，那么它表达的就是爬行动物大脑中最原始的冲动；如果它以某种手法表现出来，那么它便是其背后文明的最好概括。如果想在中国、印度、日本、尼泊尔、波斯、希腊以及罗马的情欲理念中，找到与犹太基督教类似的部分，一定会一无所获。情欲的反面是：憎恶身体、肉体、欲望、欢愉，憎恶女性、享乐。天主教没有任何享乐的艺术，它只是一台不安的宗教机器，不让一星半点的享乐主义念头存在。

这台庞大机器的某一部分负责生产大批的弱男、处女、圣女、母亲和妻子，它的运转永远要以损害女人的女性为代价。女人是这种反情欲的第一个受害者，世上所有的罪恶都要归结于她。为了构建"性之极恶"的理念，西方世界创造了一个神话，将欲望视作缺陷。从柏拉图《会饮篇》中记录的阿里斯托芬有关阴阳人的言论到雅克·拉康的《选集》，其间还有圣·保罗的史料，这个缺陷的假象一直存在并持续着。

这个神话说了些什么？简练地概括一下：男人和女人来源于最初的同一人，他因为体格的完美而自高自大，从而被神贬斥，将其一分为二；因此，人们都是断片、碎块、残缺的存在；欲望，就是对原始形态的追寻；而欢愉，就是对实现这种地球上完美生物的信仰。欲望是缺失，而欢愉恰好填补了缺失，这便是性危机和性悲剧的根源。

然而事实上，大多数人会被这个危险的幻象误导，去寻找不存在的人，也就是寻找失望。对白马王子或真命天女的寻找会让人失望：现实永远无法与理想相比较。渴望完美的愿望总会带来因不完美而产生的痛苦——除非有防卫机制，比如拒不承认，也就是不让显而易见的事实进入自己的意识中。当有一天，人们用主流道德所传播的幻象来解释你的现实状况时，你的失望就以此告终了。对于这个原始的神话，意识形态、政治、宗教都参与了制造和维持。

欲望并非缺失，而是过量，一种即将满溢的过量；愉悦也不是实现所谓的完整，而是通过发泄来解决满溢欲望的驱魔咒。没有形而上的原始动物，没有阴阳人，有的只是有关物质的物理学和流体力学。情欲并不是来自柏拉图的精神世界，而是来自唯物哲学家所说的微粒。因此，建立一种后基督教的、阳光的、原子论的性观念迫在眉捷。

唯伦理主义的思想体系

按照重组动物的逻辑，一对夫妇的结合就是犹太基督式性观念中最完美的结局。然而，作为有群居天性的哺乳动物，大多数人并不具有强大的形而上思想能力，所以他们只是把这样的结合当作解药。当包法利主义者想到爱情、知己、王子和公主时，一份社会契约或生存保障就会显现在理智面前。若两个人在一起，存在于世的痛苦似乎能减轻一些。又一个幻觉……

爱情的言论掩盖了种族的真相：小说、媒体宣传——广告、电影、电视以及专门针对女性的媒体——讲述着一见钟情，激情，感情的无与伦比的力量，讲述着伟大的爱情。但只要一谈到费洛蒙、种族法则，谈到这一切不过是大自然为了平衡那些有着新大脑皮层的哺乳动物的总量而绘制的无目的图景时，他们就无话可说了。

当没有哲学的时候，处于统治地位的是生物学，或动物行为学——视具体情况而定。雄性先于男人，雌性先于女人。孕育下一代是导致社会分工的主要原因。尚未掌握人类生育机制的奥妙，女人因为体内孩子的重量而变得笨重、疲累，无法陪同男人打猎或深入敌对领地进行采摘活动。就这样，因为腹中的孩子和已出生的孩子，女人被困在家里的情况出现了。

家庭自然而然使男性和女性各自承担起了不同的角色。对女人来说：要为火堆添柴，要准备食物，要烹饪烧煮，要织布制革，要收集动物皮，要缝补，要织羊毛，要确保有衣可穿等一切家务；而她们的伴侣则负责外出打

猎、捕鱼、采摘，甚至耕种等一切需要在外奔波的活。数
亿年过去了，尽管我们的文明有了文化阶层和各种知识阶
层，但情况又有什么实质性的不同呢？

这种原始的动物行为安排，后来的政治和社会将之重
新使用，并以根本法律的形式赋予权威。因此，拥有内外
两极的家庭成为构成社会的根本细胞。家庭作为国家机器
中最重要的部件，为了存在，它有意或无意地试图重建神
的世界：神的世界创造了神的秩序，在其中，一神论远比
家庭概念重要。唯一的神是上帝——也可称作圣父；而父
亲，以父之名统治着整个家庭：根据神权原则，父拥有全
部的权力，他的话是决定性的，他的命令是必须立刻执行
的，他占据着等级制度的制高点。上帝－子民的模型向人
们展示了上帝之城的蓝图；雄性和他的部族，父亲和他的
家庭，这是个男性之城。

一对夫妻，一开始是被分割的，忍受着缺失之苦，然
后找到另一半，重建原始的整体，继而享受结合的欢愉，
然后再赋予这个虚构的重建整体以平静。他们通过孕育第
三个人，甚至更多人，来不断让自己不明就里的存在日臻
完美。如细胞核一样的家庭实现了种族计划，也让大自然
的设想得以完成。

人们自以为已经超脱了动物性的束缚，用一张概念的
帆布遮住了这个最平凡的真理，遮盖了人类一直是哺乳动

物这一事实。然而，这一自然决定论的持久性和强大力量一直存在于神经元系统最基础的部分里。家庭所颂扬的并非两个自由个体之间的爱情，而是地球上任何生物都无法逃脱的命运。

禁欲的体系化

首先，欲望会激发一种极强的反社会力量。在被捕获、驯化，继而变成一种社会可接受的形式之前，欲望对既定秩序来说是一种危险的能量。在欲望的绝对控制下，所有社会性都不复存在：每天重复规划好的时间表，行事谨慎，勤俭，温和，顺从，烦恼。与此同时，占绝对统治地位的是与上述相反的一切：完全的自由，恣意妄为，不分场合的轻率，奢侈的花费，对现行价值标准的不服从，对主流思想的反抗，彻底的反社会。为了自身的存在和维系，社会必须束缚这种无法无天的原始力量。

将欲望和欢愉进行系统的禁欲化，原因还有一个：恶毒地想要消灭女性那股不可思议的力量。经验很快让男性明白，鉴于自己的性别，自己只需顺其自然即可。然而，自然原始的行为却不一定会给女性带来欢愉，因为牵涉人为的文化因素、情欲的挑逗以及身体技巧——呼吸的调整、体液的控制、时间的延长、体位的变化等。若仅仅听凭本性，这种欢愉是无法达到的。永远无法达到。

笨拙、不经心、不懂得关照女伴的男人们独自享乐着，在对罪恶感进行伦理建构之前，他们就已经不愿意看到自己的女伴处在欢愉的大门之外。并不是因为他们关心对方，也不是因为对对方的失望产生了道德上的同情，而是出于自负：在他们眼里，他们变得不再强大，变得无能，成了不完整的男性，他们的力量因为有缺陷而变得虚假。这样倒退的景象伤害了男性的骄傲，无法自我陶醉。为了解决这个问题，他们采用了宏观的手段，通过打压女性的欲望来庇护自己。在这项消极的举措中，犹太基督教游刃有余，伊斯兰教也不甘落后。

男性先是产生了害怕被阉割的恐惧，而面对这种让社会陷入困境的质疑力量，男人希望社会能给点颜色，这种愿望驱使男人（城邦、民族、宗教和国家的建造者）将性制度化。通过男性霸权的推动，女性正确性行为的法典从此便成为不可违抗的法律。这是男性生殖器中心论的力量，也是对阉割的恐惧的力量……

该法典是如何制定、如何颁布的？是借助宗教这个灭绝欲望的完美帮手。为了固定、打压，甚至消灭力比多，神的受膏者——弥赛亚、使徒、神父、主教、基督哲人、伊玛目、犹太祭司以及牧师等——宣称肉体是肮脏的、不纯洁的，欲望是有罪的，欢愉是邪恶的，女人究其本质是魔鬼，是罪人。接着，他们颁布了解决方案：全面禁欲。

　　放弃肉体的欢愉是精神层面的想法，面对如此高的要求，那些无法将自我提升到这种理想高度的可怜人就产生了负罪感，鉴于这种情况，法典又表现出善意和理解，并提出另一种替代方法。既然全身心的奉献无法做到，那就宽宏大量地同意你只奉献部分吧：保持对家庭的忠贞就够了。婚姻能成全这一点。对此，可以在使徒书信中看到保罗－塔斯各种荒谬的言论。

　　这一迂回的解决办法的好处就是，给社会——也给种族——留了一条能实现自身计划的道路：同意将性行为限制在一夫一妻的家庭范围内，这种性行为因为基督教婚姻而被神圣化，如此一来，保罗和其他基督教理论家（比如教会圣师），就给他的同类们留下了（狭窄的）操作空间，同时也为种族的延续开辟了道路，也确保了受控于理想禁欲主义意识形态的人类社群能长久地延续下去。

　　随着时间的推移，最初的激情消退，进而消失不见。烦恼、重复、欲望（本质上是流动的、绝对自由的）被束缚在强制固定的形式中，日复一日的、固定的欢愉最终熄灭了力比多。家庭中，女人的时间优先分配给了孩子和丈夫，母亲和妻子的角色成了主角，耗费了女人几乎所有的能量，于是，女人死了。

　　以老调重弹的方式，夫妻间的性行为把力比多安置在了有规律的家庭生活的理性主义框架里。在这种家庭生活中，**个体**消失了，取而代之的是**主体**。狄俄尼索斯死了，性悲剧就注定了。诸多社会决定论、全方位教化性质的意识形态宣传，让被奴役成了自愿，这就是异化，到最后，受害者们甚至还在放弃自我中找到了欢愉。

8

绝对自由的力比多

轻情欲

　　为了中止性悲剧，我们必须与制造它的反常逻辑一刀两断——欲望是缺陷；以夫妻结合的形式来填补这所谓的缺陷可以带来快乐；家庭应该背离其自然需求，转而去解决被视作难题的力比多；推崇忠诚的一夫一妻制，双方应共同支撑同一个家庭；牺牲女人和女人的女性；孩子在本体论上其实是父母**爱情**的结晶。去除这些谎言，不仅对社会来说是有用的、必要的，而且对个人也非常重要，有助于建立一种轻情欲。

　　第一个阶段，要将爱、性和生育分开。基督教伦理将三者混为一谈，这种混合迫使人们要在感情上爱他的伴侣，而且性行为要以生孩子为目的。还应补充的是，这个人不可能是过渡关系中的某个人，而是女人正式嫁予的丈夫、男人特意迎娶的妻子！若非如此，就是有罪。

　　道德的进步加上科技的进步，再借助于避孕手段，对生育的有效控制成为可能。很显然，教会明令禁止这项措施，因为它带来了首次革命性的分离：在无生育恐惧的情况下单纯为了愉悦而发生性行为，而生育在之前一直被认为是对性行为的惩罚。人们可以为了愉悦的结合而自由地操控自己的力比多，而不再是为了家庭义务。根据诺伊维尔特（Lucien Neuwirth）法案和维耶（Simone Veil）法案，人们可以自愿选择终止妊娠。这是又一次意义深远的革命。

　　第二个阶段，同样激进，应该让无爱之性成为可能——如果"爱"只被定义为一种特定情感，宣布这种感情只是为了在忠诚、共生的一夫一妻制的机制下，让自然本性的需求退缩到阴影之中。将"爱"分离出去，并不排斥感情、情感和温情的存在。即使不愿意将自己的生活投入一段长久的关系中，也不妨碍做出温柔之爱的承诺。性关系并非有意在或远或近的将来产生什么影响，而是充分地享受纯粹的当下，经历美妙的现在，汲取当时当下的精髓。

　　没有必要让性关系背负在先验上并不存在的沉重和严肃。一边是动物式的无知和单纯肉体交换的轻率，另一边是满载道德感的性行为，二者之间还留有一定的空间，能让轻松而又温柔的新型主体间性存活。

传统的重情欲是依据死亡冲动推理而来，这样就会出现：固定，静止，深居简出，创造力匮乏，重复，不经大脑程式化的习惯，以及一切相似状态的事物。与此相反，轻情欲受到的是生命冲动的控制，它追求的是动态，是改变，是游荡，是行动，是移动，是创造。在坟墓中，我们将会有大把的虚空来填满静止的配额。

名副其实的"爱之艺术"的第一级，就是构建轻情欲的情境。这意味着要创造一个原子振动场，那里漂浮着对幻象的微小感知。从德谟克利特到当代神经生物学，其间还有伊壁鸠鲁和卢克莱修，只有微粒逻辑才能摧毁有关该主题的、柏拉图式的思想幻觉。

重视纯粹的当下并不排除它的叠加。对多个当下的重复可以形成长久：我们不从结局开始，也不去保证某件事情的结局，我们只是一个片段一个片段地制造它。因此，不妨将当下想象成制造未来的实验室，想象成铸就它的熔炉。当下的运转并非目的本身，而是作为某个可能事件的一砖一瓦运转着。

单身机器

我对单身的定义并非指普通意义上的情感状态。在我看来，单身者并不一定就是那些没有男女朋友、没有丈夫妻子、没有性伴侣的陪伴而独自生活的人。它更多地是指这样一种人：即便处在某段所谓的恋爱关系中，仍有自己的特权，仍可以支配自己的自由。这样的形象强调的是自身的独立性，他享有完全的自主性。这种契约的期限并非不确定，反而是确定的，只是它可以更新，这是当然，但更新不是强制性的。

在两性关系中，把自己打造成一台单身机器，可以尽量避免在结合的状态下出现不可分离的熵。失败的关系或是建构得很差的关系常常都是遵循"无——一切—无"的模式，这样的两性关系在日复一日中逐渐变得摇摇欲坠。而我，更倾向于"无—更多—很多"的模式。

"无——一切—无"是主流模式：我们相互分离，互不相识，我们遇见，我们陷入一段关系，对方成了一切，不可或缺，成为自己生存的度量衡，成为自己思想和存在的计量器，成为自己生命的意义和无处不在的伙伴。然而熵一直在发挥作用，渐渐地，对方变得恼人、碍眼，变得让人疲累、厌烦，变成让自己受不了的人，最后竟成了需要排斥的路人，离婚来助推——常常伴有暴力——于是一切又成了无，甚至还多了一点恨……

"无—更多—很多"的模式也是从相同的地方开始：不知道对方存在的两个人，他们相遇，然后基于轻情欲的原则建立关系。从那时开始，日复一日产生的是一种积极性，也就是"更多"——更多的存在，更多的扩充，更多的愉悦，更多的安宁。当这一系列的"更多"积累到一定量时，"很多"就会出现，意味着这种按照唯名论方式而定的关系已经达到了优良和丰富的状态。因为唯一的规章就是没有规章，所以只存在个案，每个人只需按照自己的特异体质构建不同的计划。

在第二种情况下，单身者会有所变化。单身式的行为方式不承认结合。两个人被牵涉到某个三角关系之中，双方因为所谓的第三方的爱而宣布他们之间关系的死亡，这种行为，是单身者所厌恶的。在大部分情况下，消极性并非与两性关系中的双方都有关系，而只是其中的某一方，根据动物生态学，这一方死在了最强大、最具决定性和说服性力量的压制下——这与人们通常认为的不同。

双方特性若被完全糅合在一起，那么这种糅合体维持不了多久就会出现否认。有时，在持久的神经官能症的影响下，包法利主义可以伴随人的一生……但是，在进入日常生活的细节中，在构成生活本质的点滴小事之间，现实正在有规律地啃食这幢柏拉图式的概念大厦，也就是传统两性关系的基石，最终建立起来的只是一个泥塑的巨人，一个仅靠童话故事维系的幻象。因此从"一切"又回归到了"无"。

不育的形而上学

单身形象通常与自愿不育的形而上学相辅相生。事实上，我们很少能看到某个重视自身自由的主体，能在照顾一个孩子（美妙的表述）的情况下，很好地保住自己的自主性、独立性和行动力（哪怕是闲置的行动力），更不用说要照顾多个孩子了。

生理上能孕育孩子，并不意味着一定要让这个可能性成为现实，就好比拥有杀人的能力并不意味着有杀人的义务一样。即使本性说"你可以"，文化也不一定要补充一句："所以你应该。"因为我们可以将自身的冲动、本性和愿望置于理性的框架之中。为什么要生养子女？以什么名义？为了让他们成为什么？我们让一个生命于虚无中诞生，能提供给他的就是让他在这个星球上走一遭，最后他还是会回归到虚无之中，我们这样做到底基于怎样的合理性？我们通过自然行为产生大量的接班人，盲目地遵循着种族延续的逻辑，这种不管是在精神上还是在实际上都如此沉重的行为，应该遵循另一种理性的、合乎情理的、综合考虑的选择。

只有真正爱孩子的单身者才能目光长远，才能考虑到这个还未存在之人会遭受生存之苦的后果。生活难道已经如此非凡、卓越、幸福、有趣、轻松和令人向往，以至于我们能将它作为一个礼物献给那些小小的人儿吗？悲剧的本体论大礼包一直在向我们提供熵、折磨、痛苦和死亡，难道孩子也应该爱这一切吗？

没有提出任何要求的孩子有权利要求一切，尤其对那些全面、绝对负责他的人来说。培养教育不是养牲口——针对那些喜欢使用"养孩子"① 这一表达的人，要时时刻刻关心。对于构建一个存在体至关重要的神经元突起，它不能忍受一分一秒的松懈。一个沉默，一个漫不经心的回应，一次忽视，一声叹息，就能摧毁一个存在，并且毁坏者本身不会有任何察觉。因为人们被日常生活所累，不能认清这一点：对一个存在体的培养并非有时间间隔，而是一刻不停的，持久的。

如果我们没有掌握雕塑自我的方法，也没有能力创造适合自己特质的两性关系，那么在构建另一个存在体的过程中，就会出现诸多的无知和不协调。弗洛伊德曾预言：不管我们怎么做，教育都是失败的。看一下他女儿安娜的平生经历，就会明白他说得多么有道理！

家庭中出现的孩子一定会将父亲和母亲维系在一起。德·拉·帕里斯先生（Jacques de La Palisse）认为：一个

---

① 此处的"养"法文为"élever"，该词也有抚养、喂养孩子之意。

男人（女人）会停止爱他妻子（丈夫）身上的剩下的女人（男人），而去爱他孩子的母亲（父亲）。在经典的两性关系中，女人、母亲、妻子的混合和男人、父亲、丈夫的混合只要一确立，就会对孩子造成不可逆的伤害。生育成了轻情欲中的又一障碍，它让沉重的性行为不再为性行为本身服务，而是为社会服务。

就我所知，不存在为拒绝生育之自私辩护的人，也不存在将拒绝生育当成一种自我牺牲的慷慨和豁达的人，有的只是那些在生育之中找到生命意义的人。应本性驱使传宗接代的人跟那些自愿选择不生育的人一样，他们都是自私的。然而，我认为，只有真正爱孩子的人才会选择不让他们降生……

9

肉体的殷勤

情欲合约

诚然，本能、激情、冲动三者间有逻辑联系。每个人都知道这一点，也感觉得到、看得到、体验得到这一点。但也存在一种情欲的理性——比较少见——它可以雕琢大块的原始能量。它的存在能让本性不至于恣意妄为，像动物一样受控于纯粹的必然性，完全被非理智的规律左右。情欲文化改造的是自然的性，目的是制造伦理建筑，产生美学效果，创造在丛林、牛棚或沟壑里不会有的愉悦之感。

在伦理学中，这里提到的契约和其他地方一样（参看前面的内容），都是指为了解决自然本性的暴力问题而构建的知识形式、公民形式、国民形式和政治形式。在性本能完全体现的状态下，展现的是动物行为学，在这样的状态下，有的只是腺体标记的领地、力量的展现、雄性为了占有雌性而展开的争斗、统治或服从的状态、欺凌弱小的乌合之众、对适应能力最弱者的摧残、处于最高统治地位的雄性封建式的享乐权，直到被更年轻、更有力量、意志更坚定的雄性取代……

情欲并不存在于畜群、猎犬群或其他聚生性的群体之中，而是存在于人为有意建造的微型社会之中。两个个体（至少两个）按照享乐主义契约制定的形式建造这样一片文明开化的领地，他们的首要任务是依据"理性任性"的原则构建他们的性，在这一点上，多亏了语言，让他们明确他们即将建立的模式。既然是契约，就需要信守承诺，因此，一定程度的文明教化，一种确凿的文雅，或某种程度的文雅，就是必要的。

毫无疑问，这种理想的伦理和美学的构建，需要的是特定的契约签订人，也就是要：明确自身欲望，既不善变也不波动，不会犹豫不决，不受累于任何矛盾，已经解决了自身问题，不受任何不协调、不连贯、不理智的拖累。相反的一类人呢？习惯性地背叛诺言，经常改变想法，记性是选择性的、谋私利的，喜欢闪烁其词为自己的善变开脱，特别擅长不履行诺言或者言行不一。对于这类公民来说，任何契约都是一纸空文。就算被揭穿，还是会我行我素……

反过来，只有挑选出对自己的言语负责的人，契约才可行。契约形式如何？根据法学家的说法，契约是双务的：若出现了不遵守条款的情况，任意一方的解约都可以让契约结束。那么契约的内容呢？就要根据当事人的选择和判断了：一场温柔的游戏，一个有趣的情欲理念，一次爱的联结，一场意欲长久的结合，一夜契约或一世履约，每一次的关系都是量身定制。

并不是一定要缔结契约，没有人会被强迫这样做。但是，契约一旦订立，就不存在任何脱离契约的理由，除非另一方违反条款。因此，相对于重情欲，忠诚在轻情欲中拥有了另一种意思。重情欲意在：享有对方身体的虚有权；轻情欲想的是：遵守诺言。只有宣誓过忠诚，才存在不忠。任何人只要尚未宣誓都不会被视作违誓。然而婚姻，不管是宗教的还是世俗的，都包含这类宣誓行为，所以为了谨慎起见，我们要弄清楚自己是在对哪些东西用"是"这一至关重要的表述。

所以，不要定下自己不能履行的契约。契约的内容不应该超出当事人同意的各种伦理可能性之外。承诺"无论逆境顺境"都"彼此忠诚和扶持"——《民法典》中的固定表述——直到生命尽头，这是什么逻辑？还没算上宗教婚姻的宣誓呢，宗教婚姻的宣誓竟厚颜地要求人们永远甚至在来世还要履行誓言……

在这个故事里，忠诚，首先是自己和自己之间的事。选择的自由意味着信守承诺的义务。自我和他人之间恰到

好处的距离，履行契约的我和衡量忠诚度的我之间恰到好
处的距离，为和谐的主体间性创造了条件，让主体间性与
溢满的融合和过度的孤独保持了相同的距离，达到了和谐
平静的关系状态。

游戏式结合

契约因我们的给予而丰富。若我们不补养它，它就会
日益空虚；若我们用幸福诺言填充它，它便会充盈美满。
为了避免柏拉图式友谊的刻板关系、一般的不切实际的爱
情、女仆式情爱故事、中产阶级通奸之事、明码标价的交
易、难以避免的三角丑闻以及其他司空见惯之事，让我们
提出"唯名论情欲"。这是指什么呢？

游戏式结合可以借助契约逻辑使某些幻象得以实现：
当萨德搭建他的荒淫城堡时，他立足的是封建逻辑。领主
全凭其意愿去占有、滥用、消费、毁坏和杀害。从未有过
任何契约，而是直接将人性中的荒淫变成了极端的现实。
然而，当米歇尔·福柯将施虐受虐定义为温柔的伦理时，
展示的正是这种新型的自愿的主体间性。

轻情欲的结合艺术与傅立叶的关系更密切，他试图在
他的法伦斯泰尔中实现他所有的个人幻想：为了创造一个
新的历史（在这里，是创造"任性的情欲"），我们只需要

将其描述出来，并求得一个同伴、一个同谋。为了命名这个新事物，傅里叶创造了一系列新词：奢华主义（luxisme），天使性（angélicat），伊斯兰教苦修（faquirat），一体主义（unitéisme），印度寺院式莺歌燕舞（bayadérat）；他定义了新型激情：如蝴蝶般旋转不停；他将狂欢理论化：高贵、值得珍藏，等等；他扩大了性的范围，将孩子、老人、丑陋之人、畸形之人纳入其中；他推崇普遍性的卖淫，赞颂大爱；他将背叛感情的人进行分类：命中注定的或是逢场作戏的，戴绿帽子的或是给人戴绿帽子的，有意背叛抑或是迫于情势的，温柔宽厚的或是妄自尊大的——如此一百多个新规定。他提出了"爱之新秩序"——其有关该主题的主要著作的名字。

傅立叶唯一的不足，在于他试图构建一个享乐主义社会。按照德勒兹"成为个体革命者"的观点，问题不在于构建一个事先就预定好的封闭稳定的社会，尽管人们很乐意这样做……，而是按照自由契约的形式，在自己构建的隐形空间里尝试各种可能性。这里所追求的是一种充满活力、流动的趣味，排斥任何社会僵化。

这种充沛的情欲需要各种各样的人：第一要务。在向理想表现不断自我完善的过程中，任何生命体都无法在特定的时刻独自承担所有的职责。传统的夫妻会认为自己的另一半聚集了所有的潜在可能性：是孩子也是主人，是父亲也是儿子，是强壮的也是脆弱的，是保护者也是被保护者，是朋友也是情人，是教育家也是兄长，是丈夫也是密友——对女性来说也是一样。一个单独的个体如何在相应的时刻扮演正确的角色？不可能的事情……

若想让这些有趣的身份结合成为可能，那么他们的伴侣就必须是全能的。没有人能以上帝的方式自我调控：无处不在，功能多样，在感情上极具可塑性，有不同的情感形态。每个人应该付出他所能付出的一切：温柔、美丽、聪慧、陪伴、柔情、忠诚、耐心、默契、情欲、性爱等一系列未必会有的品质，唯名论式的修辞手法有多少，这些品质就有多少。

有选择性的微型情欲社会，若处于公开和公众透明的状态，就不可能有任何作用。这种社会不是隐蔽的，而是审慎的，越少遭受某些人的道德判断效果就越好。"某些人"是指没有勇气、品质和个性的人，他们缺乏想象力和胆识，渴望多样的情欲却始终达不到，他们依据的是老旧的准则，对于自己无法达到也不知道怎样达到的事物，他们会去玷污它。对于这种微型社会，没必要向它提供接触错误道德的机会，以避免真实情感被掩盖。

审慎还有另一个好处，它可以避免嫉妒——这证明了我们无可辩驳的动物性，这体现了我们明显属于动物行为学的范畴——摧毁一段关系，而在这一关系中，只需要一点点的文明就能获得大量的情欲。在传统结合形式中，若另一半获得的愉悦不是来自自己，那么我们就不会赞成这种愉悦，因为这样会让我们觉得自己不具备其他人所拥有的使人愉悦的能力。为了避免嫉妒，最好是不要让自己陷入必须经历它的状况中……自我的审慎必然带来对他人的审慎。

放纵的女性主义

绝对自由的力比多逻辑、轻情欲的意愿、对单身机器的推崇、不育的形而上学、享乐主义契约，所有这些能产生后现代放纵的有趣结合不应该只是女性应该服从的男性对男性的建议。如果是这样，就有可能导致性悲剧，即使没有导致性悲剧，也会大幅度地增加性悲剧的可能。

放纵是一种伦理形态，它带有其所处时代的特色。有中国式的或希腊式的，有伊特鲁里亚式的或罗马式的，即使在同一个地理空间，比如欧洲，也会有封建、古典、现代和后现代之分，这些不同版本的放纵涵盖了不同的形态，有些甚至是互相矛盾的。那么对于这些不同的历史时期，它们的共同点又是什么？是对哲学上的不动心的渴望，是对一类与性相关的关系的渴望，这类关系不会轻易威胁到自我努力获得的存在平衡。轻情欲来源于一张食谱，这张食谱的目的是达到一种欲望之宁静的哲学状态。

因此，如何看待放纵的女性主义呢？甚至是女性的放纵呢？最理想的状态就是，人们不再用唐璜这个修饰词来抬高男人，也不再用这个修饰词来贬低女人。一个女人若被认为是唐璜，就等于被认为是病态求偶狂。对于拥有轻情欲的男性，人们会用唐璜这个从文学中积极借鉴而来的词语去描述他们，但是对于有一模一样倾向的女性，人们就会从精神病学的词库中挑选一个词语来描述她们，这是极不公平的。

封建式的放纵把光鲜的位置给了男性，却把女性当作用来展览的猎物，为了结束这种放纵，让我们提出一种后现代的放纵，一种平等的、女性主义的放纵。然而，女性主义长久以来一直停留在对性别歧视的仇恨上，以作为对男性性别歧视的回应。事实上，这种女性主义产生了性别层面的阶级斗争。从颠覆平衡的辩证角色来说，它是有用的，但是在我看来这种女权主义已经过时了。

当有一天文学塑造出了一个卡萨诺瓦式的女性，也就是说一个女性唐璜，并且该专有名词可以用来抬高相应个体的身价时，我们才能谈论真正的平等。但是为了达到这一目标，似乎还有很长的路要走，对于女性而言，必须将自己从本性的金字塔中释放出来，摆脱由生物决定论决定的命运。为了成为女人，本性和母性都应该让位于人为，人为是文明的精髓。这是多么令人兴奋、激动、欣喜若狂的想法……

•••● 第四部　犬儒主义美学

10
群岛式逻辑

成品的革命

投机取巧之人和扎根在美学雉堞之上的哲学家，他们似乎都认为艺术史是可能的……但愿人们能放过历史！他们论述着没有任何背景的概念，针对柏拉图愚笨的同代人无聊地议论着自我之美、美的本质以及无法言喻和难以表达之美，还把美当作什么超验性的媒介，甚至超验性存在的证据。他们还差点传唤了上帝，因为他们的构想需要借鉴这一便利哲学，而在别处，他们一直尽量避免牵涉上帝。

最反动的（词源学上的）、最保守的哲学家，都和三两个该领域的先锋学者一起在耕耘这项事业。和那些神秘晦涩的学者一样，媒体也参与了这场美学宴会，那些学者深信，晦涩就是无法捉摸的深度。然而，一系列的新词，针对不可言说性、无法表达性和无法沟通性的一连串高谈阔论，对否定神学的高深解释和玩弄，这一切不过是自闭而唯我的无聊练习作业罢了，没有任何合乎情理的分析。

艺术不仅**源于**历史，而且处于历史**之中**，不仅**靠**历史而活，**也为**历史而活。这样显而易见的事实如何否认！艺术逃脱了本质主义的捆绑，因为它在构成世界的物质中是处于层层叠加的状态。前进、倒退、断裂、困境、滞缓、革命皆由此而来。若要追溯这一切的源头，或是考察其连带效应，只能找到一些名称、图像和标记。因此，美是属于某段历史的，它有多种多样的定义，若非如此，从历史或地理的角度来说，美就是互相矛盾的。与康德认为的相反，美不是指无概念的普世之美，而是有特定指涉、有具体概念的。

艺术史就意味着无数个认识论上的断裂，也正是这些断裂在影响艺术史：酝酿和实践一场运动、一个流派，相应辩证法的媒介，产生的效果、结局，最好的方面与最糟的方面，超越了些什么，保留了些什么，经历长时间之后留下的印记，等等，所有这一切都包含在内。每个特殊的时刻对于整体的运动都有着自己的贡献。对于拉斯科洞穴中的人来说，美并不存在。然而，对于鲍姆嘉通同时期的人来说，美是有意义的，但对于马尔塞·杜尚之后的几代人来说，美已经成了回忆。

第一件成品——我给它 Préfait 这个法语名字——它

的星星之火燃遍了整个美学平原。愚弄？玩笑？中学生的挑唆？无政府主义的颠覆？戏谑？一个笨手笨脚无事可做之人的恶作剧？这些或许都对，但它更是一场政变，一场发生在艺术这个小型文明世界中的政变，也因为这一事件，艺术史翻过了它重要的一页：西方基督教的艺术。艺术史迎来了新的一章：当代艺术。因此，我认为的当代艺术就是第一件成品出现之后的艺术。

这场变革给我们上了怎样的一课？在艺术作品和美的作品中，并不存在什么本质真理，只有相对的、有时效性的真理。艺术并非源于心智世界，而是来自某个真实可感的结构，来自社会学机制。康德渐渐让位于布尔迪厄……无论是现成的或制造出来的物品，还是在商店购买的物品，只要能在一个美学场域中展出，它就是一件艺术品。艺术家的意图催生了作品，甚至有时候意图本身就足以构建起一个艺术品……

对此，还要补充两个重要的提议：是观众创造了画作；任何东西都可以作为美学载体。一方面，进行创作的是艺术家，这是当然，但是若要达成完整的美学目标，一半的路程应该由观众来完成：观者艺术家就此诞生；另一方面，高贵材料应该消失，让位于种种材料，它可高贵可低贱，可平凡可珍贵，可以是物质亦可以是非物质，等等。

美的消亡

杜尚的创举等同于弑神、弑君和其他本体论上的谋反行为。柏拉图的追随者一直源源不断，有基督教唯灵论者、德国唯心主义者以及一些否定神学家，他们不断重申超然之美，这样的美将现实世界置于一边，推崇的是真、善、正义和一些无须表现的幻想。长时间以来，物都是以理念作为评价标准：以绝对的美为参照，这个物是离它近还是离它远？远了，就是丑；近了，就是美。

柏拉图著名的参与理论越是依靠这一衡量标准，就越是不会去思考判官判断的合法性：那些可以决定和宣布美丑之人，他们判断的可受理性从何而来？只有那些能授权的社会团体——中世纪、复兴时期的教堂，17世纪的弗拉芒资产阶级，各个欧洲王国，进行工业革命的资本主义国家，以及现如今的美国自由主义市场……没有什么是完全理想的或柏拉图式的！

世俗的品位源于社会、政治、历史、地理的关系网，而非某种概念式的神学，这种概念式的神学不过是在贬低上帝和宗教的文化背景之下，将美作为一种圣像替代品罢了。因为上帝和美之间保持着一种同位关系：构成一方的物质，通常也是另一方的素材。因为有着同样的稳固性、相似的逻辑和相同的不可见性，人们常常将艺术变成一种替代宗教或是宗教的姻亲，殊不知艺术从根本上来讲是内在的。美和上帝都是非创造的、不朽的，即使通过引导也无法获得纯理性，而且还是永恒的、不死的、不变的、不会衰落的，它们联手共同推进它们的事业。

杜尚完成了尼采的罪行：上帝死了，意味着"善""恶"死了，当然也意味着"美"死了——尼采在《权力意志》的片段中明确地强调了这一点——从此，我们进入了内在的世界，到达了此时此刻的现实。天"空"了，那么大地就有希望"满"了。从那一初创之举开始，马尔塞·杜尚便走上了一条"去神学化"的艺术道路，并提出"重新物质化"的意图。无论在哪一部艺术史中，这种产生得如此突然和迅速的生机都是史无前例的。

因此，这场革命并不会导向虚无主义、意义缺失或概念混乱。事实恰恰相反。因为赫赫有名的《泉》产生了一种新范式，它完成并完善了 25 个世纪的美学。艺术作品从未如此具有**主观性**。艺术作品不再是美，从此以后它承载了更加丰富的意义，有待人们去解码。这一认识论上的断裂，使得每一件物品看上去都比以往更加深奥。

对现在的考古

杜尚引发的这场美学巨变持续地瓦解着艺术的阵营。用来定义一个时代的大写的"风格"已经分崩离析，让位于多种小写的风格，这些风格反而——这是理性的玩弄——构成了刚刚诞生的现代性的大写的"风格"。持续时间长的史前艺术不复存在，取而代之的是短期艺术的繁荣，它们持续时间极短，有时甚至转瞬即逝。B. M. P. T.①仅一年的历史，眼镜蛇艺术群②三年的历史，或者新写实主义的历史，其实与马格德林时期③ 5000 年的艺术历史一样，都只是一段时期，没有本质区别。我们还没算上那些只在某一场展览中出现的这样或那样的艺术运动……

加快和速度是 20 世纪的重要特征：急速前行，将过去缓慢的时间变成急切、快速的超现代时间。各种期限的缩短，引发了焦虑、浮躁、不安。在这片缺少本体论指引的混沌之中，虚无主义悄然兴起。古老的地质时期和维吉

---

① B. M. P. T 是一个由四位艺术家组成的艺术团体，成立于 20 世纪 60 年代的巴黎，四个字母分别是他们姓氏的首字母，他们的名字分别是：Daniel Buren，Olivier Mosset，Michel Parmentier，Niele Toroni。

② 原文为 Cobra，或写作 CoBra，是一个国际实验艺术家组成的团体，于 1948 年在巴黎成立，三年后解散。

③ 马格德林时期指的是欧洲西南部旧石器时代晚期。

尔时期的自然时代，让位于虚拟化、数字化的当代，一个
只知道纯粹当下的时代。

这场绝妙的大爆炸引发了各种能量的迸发，其中一些
走出了一条路，一条大道，甚至是一条高速公路，而另一
些则拐进了死胡同。在这里，产生了一种新的美学可能，
它丰富、持久，能自我发展，能产生一系列的反应；而在
那里，却是一些失败的经历和各种立即就暴露出来的负面
性。让我们珍惜这种丰富的潜在性，因为杜尚的革命废除
了单义性的统治，打开了多元化的大门，它创造出的是丰
盛而绝非匮乏。但事实上，在这种激增之中，最佳的往往
与最糟的并存，杰作也常常与粗劣毗邻。

因此，对正在形成过程中的艺术进行评判是有风险
的。因为不能退而远观，所以我们只能采取一种模糊的视
角，但随着时间的流逝，这场运动的轮廓会逐渐变得清
晰，模糊的视角也会随之慢慢消失。对这个艺术时代的清
晰测绘需要耐心，需要在一种反抗加速力量的时间中
进行。

在这座巴别塔中，潜藏着新的美学可能，这是当然，
但同时也潜藏着新的伦理可能、政治可能、本体论可能和
形而上学可能。因为艺术提供了存在革命的模型。对于其
本身之外新知识的构建，美学发挥了很大作用。它并不属
于意识形态中的上层建筑，而是为社会的各个方面服务的

精神基础。资产阶级求助于超验之美，目的是更好地消灭艺术的巨大革命潜力，让我们反其道而行之，去发现这个可能性场域提供给我们的内在机遇。

这座巴别塔同时也暗藏了糟粕：这一活跃行动的负面性。人们确实可以在其中发现我们这个时代的虚无主义的各种征兆和信号。诸多当代美学主张，正展示着这一时代的知识文化悲剧。若要捍卫当代艺术，就应该避免大而化之，这就需要耐下性子进行梳理和分类：将卓越的积极性从残留的消极性中分离出来。捍卫积极力量，摒弃反动力量。一种"法医"便由此诞生了。

11

艺术的心理变态学

虚无主义的消极性

当代艺术的展览厅常常得意地展示着我们这个时代的弊病。在艺术的围墙筑起的封闭空间里——艺术空间如今的神圣程度一如之前的宗教场所，为什么人们会喜欢那些在展厅隔墙上的东西，而在围墙之外，人们却厌恶这些东西……怎样解释这种精神分裂：人们一边公开辱没自由资本主义，斥责市场的绝对主导，反抗美国霸权主义，另一边却又热爱着这个所谓的羞耻世界所制造的象征、符号以及标识。要不然就是因为人们自信已经按照亚里士多德的净化原则，让自己与那些把我们禁锢在时代消极性之中的事物保持了距离，然而，这些事物仍在继续禁锢着我们，且看不到一点挣脱的希望。

因此，当代艺术的官方展览场所经常成为神经官能症、精神病及其他下流激情的表演场所，这些病症折磨着个体，也以同样的方式影响着我们的文明。我们的现代性是虚无主义的、商业性的和自由的——意思相差无几的几个表语——它在使用物品、词语、事物、身体、非物质和物质时，显现出的是一种可见的疯癫。没有任何东西能躲过消极性的魔掌：厌恶自我、他人、肉体、世界、现实、画面、生活，赞颂伤口、粪便、肮脏、自闭、腐朽、垃圾、无耻、鲜血、死亡、尖叫等。

为了掩盖这些迹象显而易见的粗暴性，艺术理论话语常常求助于权威的论据和吓人的引文以遮掩它们。为了达到这一目的，一批被学界贴上标签的哲学家或思想家将知识话语的贫乏甚至是作品内容的空洞无物合法化。不管一个造型多么没有价值，只要引用一下德勒兹、加塔利（Guattari）、波德里亚和维瑞里奥（Virilio）来解释一下，就能变得十分有意义，还能绕个弯引用到斯洛特戴克（Peter Sloterdijk）那儿去。

一个空洞无物的美学主张，被困在一副"无器官身体"① 的皮囊里，身穿一件向"脱离地面的流动"② 借来的旧衣裳，脚踩着"影像"③ 之鞋子，头顶"虚空天使"

---

① "无器官身体"为德勒兹用语，是其哲学思想中一个重要的概念。
② 德勒兹通过形而上学意义上的"流动"（flux）拒绝了经典认识论，他认为，真实的思维是一种对现实的暴力对抗，是一种对有序性的无意识破裂。
③ "影像"与"幻想"是德勒兹中期作品《意义的逻辑》（Logique du sens）中提出的一对重要概念。

的帽子，如此的美学主张，其真实名字应该叫"诈骗"吧？皇帝是赤裸的，但当代艺术圈子里的一小部分人——经营画廊的人、专项记者、拿人薪酬的专栏作家以及相关的码字工等——却惊讶于皇帝的新装的鬼斧神工，为此如痴如狂，尽管赤身裸体，他们仍可以对他的装束大加赞美。有时，三两个受传染的路人也会加入这场夸张的合唱中。

除了恐吓式地使用权威引文之外，还有一种倾向性：没有经过任何名副其实的升华工作，就将个人的病症转变成粗暴的展览品。简单而单纯地将自己的病症变成自给自足的物品是没有任何意义的，除非经由第三方的注入，物品的创造实现了超越，这种超越反而能拯救该病症。没有美学的升华，神经官能症除了临床病症，什么都不是。

癫狂的裸露癖并不足以创造出新的艺术机遇。疯狂和精神分裂竟成了这一病态时代的范式，这一点我们可以理解，但我们不同意这个新标准，它将精神病院的常住病人变成了当代理性中无法逾越的标杆。荷尔德林、尼采以及阿尔托的疯癫终结了他们的创作，为他们整个生平添加了一个重要的插入语，但疯癫并非他们生平的总结，也不是他们的方法，更不是真理。自我、自闭、自恋的唯我论，胡言乱语，念念有词，绞尽脑汁拒绝与他人的一切交流，逆行的身体选择，这些绝不是积极的示范。

柏拉图主义的顽强

很奇怪，杜尚诱发的这场革命并没有让柏拉图主义黯然失色，对思想、概念、心智的倾向性仍然存在。甚至可以说，这场革命使柏拉图主义重放光芒。以什么样的方式？我们原以为艺术载体的革命会产生对艺术的复唯物化，不再理会超验，但实际情况并非如此。概念仍然是主宰，并且不仅仅出现在概念艺术的记录中。在这样的环境下，人们更多的是将身体当作阻碍其通向真理的障碍，而不是实现意义的帮手。

在几乎全部的美学作品中，思想优先于作品可感的表象和具体、物质化的外观。媚俗正是来源于此，并展现了这种反常的精髓：打着传递某种信息的旗号，将普通、一般、平凡、庸俗的东西神圣化。一个从**折价**商店买来的动物样子的瓷器，上了釉，用最基础的颜料染了点色，在抹上智慧圣油——针对瓷器的一番演说——之后，摇身一变成了我们这个时代美学真理的典范之一。事实上，如同镜子一样，这类事件展露的更多的是虚无主义——拾杜尚牙慧的当代艺术发展到最后就是虚无主义。意图优先于实践，理念强于感知。虚拟比现实更重要，幻想比物质性更重要。

除了崇拜思想之外，还有一点也准确展现了柏拉图主义的顽强，那就是贬低身体，可感的身体经常按犹太基督教的模式呈现出来：它装载着激情、冲动、欲望以及制造困难和障碍的潜能，人们应该打压它的傲慢。因此，我们便倾向于赞颂痛苦的激情，赞颂基督的鲜血，赞颂肿胀、污浊、腐坏、受伤、饱受折磨的肉体，继而赞颂尸体——表现它，展示它，肢解它，拍摄它，透视它，吞食它……

身体排泄垃圾——尿液、粪便，**生理残留垃圾**——汗毛、头发、指甲和鲜血，**纯理性垃圾**——胡言乱语、尖叫、退缩、恐惧、神经官能式的透视以及精神病式的戏剧化，**活人的垃圾**——腐烂、气味、死尸、内脏、骸骨、人类油脂、假器官、垃圾堆、灰尘……，**符号式现实的垃圾**——寄生、干扰、撕裂、沾染、碾压。所有这一切在很久以前就可以在各种事件、表演、照片、录像中看到，它们成了我们这个时代的虚无主义的象征性素材。

商品崇拜

在那些被强行归为具有知识性恫吓力的哲学家中，应该再加上居伊·德波。对《景观社会》中德波思想的过分曲解、泛滥应用，导致了"在商品系统内部叫嚣着批判商品系统"现象的出现。这样一来，市场的同谋者们便心安理得了，以为通过利用这一点点的哲学符咒就能挽回自己的信誉，洗刷自己资本主义市场帮佣的身份——这一点已经在情境主义者的经典之作中被拆穿和揭露。

因此，艺术圈经常组织展出一些广告圈不遗余力宣传的东西。这种倾向来源于安迪·沃霍尔（Andy Warhol）的"工厂"，他促成了当时美国光环的形成：《金宝罐头汤》、肯尼迪和尼克松的肖像、《可口可乐》和电椅、美元、猫王和玛丽莲，当然还有美国国旗……如同以前，为了取悦背后的金主，国王和王子、总督和雇佣兵、圣母和耶稣充斥了整部艺术史，如今，虚无主义的时代和它的商人们用同样的方式票选出了时下的映象。辩证地说，他们既是这个时代的制造者，同时也是这个时代的产物；他们的神经官能症让整个世界罹患神经官能症，世界反过来又令其愈加深陷病症。留下的只有证据：迁移的物品。

许多当代艺术设施看上去会让人误以为是超市货架。商铺的类别能根据选择随意变换：园艺配件、儿童玩具、修补装修工具、室内装潢、塑料餐具、服装，等等。消费社会之物脱离了基层工薪，变成了圣像，大家在它面前双膝跪地，做着美学的祷告。和那些陈旧的主体——国王、基督等——异化人的方式一样，一个主体一旦经历了美学处理，人们就会奴颜婢膝地垂涎于它，商品崇拜规章的秘密就这样揭开了。

消费品成了如今的物神，而在以前，承担这一角色的是原始宗教的小雕像、教堂中的宗教画作、城堡里的君主画像：我们在它们面前组织偶像礼拜，礼拜统治我们的偶像，敬仰那个让我们的生活变得不可能的人，感恩那个铁腕导师，正是这双铁腕在指引着我们，让我们将灵魂和肉体混合。

既然如此，维系商品宗教的教士的存在也就不足为奇：艺术长廊的经营者、大众消费者、私人收藏者、专业报纸杂志的记者、普通杂志相关版面的专职作者，再加上展览专员、有影响力的推手（比如专题著作的作者、序言作者、书籍作者、艺术书籍收藏经理）、相关机构的经理，等等。这种崇拜的运作，得益于这一小撮人的齐心协力，得益于他们各种激进的活动，他们彼此熟识，为了保持对这一领域的控制而相互勾结。

这些乱伦之人行动一致，目的就在于制造标签、追名逐利，以统治者的姿态设立这个设立那个，一旦效益降低，他们就开始排除异己。价值就意味着信任、信仰——从词源上讲类似"信用值"。为了建立信仰，他们只能全凭个人意志以无中生有的方式宣布自己的信条，以展现他的表述权：推手说，并非用内容来说，而是用他的身份来说，所以他说的都是对的。奇特的思想！

然而，某人是如何在某一日摇身一变成为推手的呢？

他要以公开的不加掩饰的方式吸收这个小团体的标签、功用、习性和惯例，这个小团体会考量他的被奴程度，验证他对商品机器有序运转的有用性，然后才会接受他成为新成员。换个方式说：加入这一团体，就是和正在放声大笑的人一起放声大笑，和抨击他人的人一起抨击，和怀疑者们一起怀疑，和已在其位的肯定者一起肯定。

毫无疑问，艺术从来都是源于外在于它的世界：史前萨满教人的世界，公共政治力量的世界（埃及的法老、波斯国王、古希腊市议会议员、古希腊城邦执政官、罗马帝国皇帝、西方基督教主教），还有拥有大量私有财产的富人的世界（弗拉芒资本家、威尼斯商人、工业革命诞生的资产阶级，如今还有跨国运作造就的富人）。上述之中的任何一个都曾不遗余力地颂扬其价值——当时的主流价值。因此，当代艺术中不容忽视的一部分会映照出我们腐朽的时代，这一现象不足为怪。

12

犬儒主义艺术

犬儒主义解药

跟商品崇拜流俗的犬儒主义不同的是，第欧根尼的犬儒主义哲学可以预见虚无主义的出路，至少是在美学领域。针对消极性，让我们确立一种积极性——**欢笑式的大健康**，它依靠"传递代码"和"交流行为"而建立，然后一直朝着**复唯物化**的方向不断进取。这样一种计划能够一点一点瓦解如今盛行的病态，能够对抗自我中心论，反抗对内在的不重视。

古代犬儒主义受累于主流历史编纂的分类——其实就是黑格尔式的历史编纂——一直以来都被归入不入流的类别中。黑格尔向来爱犯蠢，他在《哲学史讲演录》中断言，这一哲学流派除了点逸闻趣事没什么好说的。因此，第欧根尼就不是哲学家了。身为普鲁士小团体中唯一一个被征用的人，这位大学教师将这一观点言之凿凿地重复了一个多世纪。

享乐主义宣言

第欧根尼不是哲学家？为什么？因为他没有为黑格尔的"绝对精神胜利"做出任何贡献，对《逻辑学》的加冕也没有任何间接的指导，这位提着灯笼的哲学家不配拥有通常授给体制奴仆的高尚头衔！但是，反柏拉图派的第欧根尼却以一个真正的哲学家的身份，借由一部阐述了他的快乐透视法的著作，奠定了反唯心主义、反唯灵论的唯物主义派系（没有一本书保存下来，只知道其中的数量：约十二篇对话录，其中包括一篇《论伦理》，一篇《论爱情》，还有一篇《共和国》，一些往来书信以及七部悲剧……）。但在耶拿，人们从不拿哲学开玩笑，也不喜欢"欢乐哲人"传统的支持者，这些欢乐哲人以德谟克利特为代表。不明朗、难以理解、晦涩、艰深，这些才是入驻主流哲学殿堂的必需品质。第欧根尼笑了，放了个闷屁，扑哧一下笑出了声，转身走了……

怎样贬低一门哲学？人们避免去评论它、讨论它。诽谤适用于那些承认自己无力进行真正思想论战的人。痛斥第欧根尼和他的学派，减少他在希腊哲学舞台上的曝光率，将其变成附属品，排除在游戏、言论、正式谈话之外，这是一种可鄙的避让策略。

鲱鱼和路灯杆、青蛙和老鼠、狗和章鱼、木桶和褡裢、棍子和盆钵、唾沫和尿液、精液和粪便、公鸡和人类肉体，没有哲学思想在背后支撑，所有这一切难道都是滑稽戏剧的素材？丑角，怪人，小丑，笑剧演员，或者杂耍艺人，无耻之徒，但他们即便心怀仁慈，也绝不是思想家，哲学家！绝不是那些用在柏拉图身上的词……

然而，第欧根尼的哲学瞄准的就是柏拉图和他的思想——他的**理念**。消极地说，犬儒主义就是一种反柏拉图主义；积极地说，就是一种唯名论的观点主义。换句话说：唯一存在的是现实，最重要的也是现实；没有超验世界；事实归根结底就是物质性；人是衡量一切事物的准绳；可感的自然提供的是模型，而非心智思想；讽刺、颠覆、教唆、幽默会激发出最优方式；不信教的身体，没有上帝，也没有导师，身体只是我们可支配的资本；可以用一句格言来概括：生活是一场庆典。人间万岁！

有人却对此抱怀疑态度，唯心主义者并不欣赏这个人物和他的思想：柏拉图学派的哲学家，他们信奉的真理是一种理想的虚构；信奉思想天空的存在，认为在那里飘浮着各种概念，如外太空一般；信奉一个比他更多、更好、更真实的参与者的存在：他的理念；信奉人因真实的身体而可憎，因其不存在的灵魂而伟大；信奉世界的基础在于心智；信奉不容置疑的严肃；信奉神、造物主以及哲学王。他们的信条是什么？凡世的生活毫无价值，没有任何东西能比得上神奇的理念世界，那里才是避难所。死亡万岁——去读一读或是再读一读《斐多篇》吧……

代码的传递

要进入犬儒派的学说，可能有多个入口：零度——这里是指黑格尔口中的零度……只是关键点中的点缀罢了。故事本身就是故事的目的。犬儒主义舞台上的道具呢？要构成一出戏剧……另一个度：这些故事和行为都提供了超越其本身的载体。方法服务于绝妙的结尾，因此还需要懂得解读和阅读，也就是要**懂得**解读和**能够**阅读。换句话说：懂得我们能力之所及，了解能够懂得的东西。

所有犬儒主义的逸闻都在以乐天的方式告诉世人，除了柏拉图的世界，还有另一个世界：第欧根尼曾在大白天打着灯笼，在雅典街头找一个人？在黑格尔看来只是"中学生的闹剧"……"哲学讲演"驳斥了这位真正的智者。其实，这位犬儒主义者是在找一个大写的**人**，是"人"的理念、概念和非物质性，是唯名论物质性的源头。当然，他没有找到，因为理念并不存在，唯一存在的是可触知的、物质性的和具体的现实。柏拉图将这个著名的人定义为"没有羽毛的两足动物"？好吧。第欧根尼将一只母鸡拔光了毛，扔到这个唯心主义哲学家的脚下，母鸡滑稽的模样让柏拉图的定义尴尬不已。《巴门尼德篇》的作者就算再加上一条"有着扁平的指甲"的修正，也是枉然……错已注定！

　　所有犬儒主义的逸闻——数量众多……——都遵循同一个原则：传递一种观点，承载一种意义。黑格尔派只能让那些没有看到月亮而只看到指着月亮的手指的人欣喜若狂。而在第欧根尼当时公开的文章中，任何理论都是不言自明的——当然还有其他哲学家的著述［安提斯泰尼（Antisthène）名下的一套十卷本的全集，克拉特斯（Cratès）留下的书信，被梅特罗克莱斯（Métroclès）自己烧毁的书，15 篇梅尼普（Ménippe）的文章］。所有人都将其思想搬上了现实舞台，思想**不仅**存在于纸上，也存在于身体行动之中。身体的作用就在于演示思想，透视理念。

　　隐晦并不是目的，目的是引导人们揭开隐晦。加密的目的也是一样。犬儒主义者的行事风格就像本体论的江湖艺人，他知道人们会理解他的表演。著作、会面以及白犬之地①的交谈——这片埋葬狗的墓地模仿的是柏拉图的学园和斯多葛的长廊……——共同发挥着作用。一切都和谐一致。采用反讽的形式，是因为相信观众的智慧：在那时，观众就已经在制造画作（犬儒主义的画作）了。意

---

　　① 白犬之地（Cynosarge），古希腊的一个运动场，犬儒主义创始人安提斯泰尼常在此与人交谈。

义的生产工作有一半是通过第三方的介入来完成的。然后，以犬儒主义的方式开始进行基础革命，让原先从学院和自我封闭的秘传之地走出来的哲学舞台向全世界开放：面向外部、面向公众，公开地实践哲学。

对于当代艺术也是一样：制造物并不是目的本身，它所表达的远远超过其本身，理论上来讲比本身更为宽广。当奥义传授仪式举行之时，当代码被解开之时，从一开始，行为便决定了意义，并且提供了理解的路径。正是通过这样的路径，研究美学的人们掌握了方法。在面对某个当代艺术符号的时候，大众常常会再次搬出黑格尔，然后肯定地评判道："轶闻、无聊、蠢话、无稽之谈……"因为他们同样忽视了月亮，只看到了指向月亮的手指。但如果没有人告诉他们月亮就是主体，他们又怎么去看它呢？

形式不是终点；它承载着、支撑着、表现着内容——如果有内容的话。没有了内容，形式就失去了形式，因为形式是在为内容提供机会。在很长一段时间里，形式主义一直在产生有害影响：为了形式而形式，对形式顶礼膜拜……在70年代的结构主义思想中，容器常常优于内容。能指远比所指重要——所指有时甚至可以不存在……此后，意义被赋予的价值需要两个重新统一起来的实体：一个是外在的，另一个是内在的。

公众对当代艺术丧失兴趣，理念和结构上的形式主义

有很大责任。对抽象结合的崇拜产生了一批信徒，产生了
一个教士、一个阶层、一个宗派，他们践行小教堂的思维
逻辑，他们膜拜纯形式，而这种对纯形式的膜拜必然会导
向对空洞无物的崇拜。在这场崇拜活动中，虚无主义充当
了主心骨。

　　将服务于内容的形式重新投入使用，就会让艺术踏上
与唯美论截然相反的道路。上流社会的艺术，换个说法是
审美阶层的习俗，自愿去追求表面，牺牲深度。装饰在这
里找到了安身之所。当一个作品因其外形、表象而大放异
彩，那么它就可以作为华丽的装饰物被纳入风景之中。资
产阶级完美地运用了这些需要去政治化的代码。

　　一部作品的价值应当依据其产生的知识交流总量来衡
量——这种知识交流包括伦理的、政治的、哲学的、形而
上学的，当然还有美学的……抽象，作为绝对形式或是纯
粹形式的精髓，美化了装饰。抽象极少传递政治和战斗信
息。若要将艺术复政治化（并不是激进意义上的政治艺
术），就需要注入内容，可以产生交流行为的内容——根
据哈贝马斯的表达。

　　无法传递、难以表述和不可言喻，好似超验的锯琴，
属于康德哲学"宗教"的一整套概念工具。很多时候，
当人们感到需要使用"无法传递"一词时，事实上是因
为他们确实没什么好传递……晦涩以及伪深度的评论往往

显示了思想的混乱、内容的匮乏和研究的无定见。对内容的修复应当超越唯美论，并进一步强化艺术的力量。为落实这一行动，场所、机遇、环境都应当确保传递的实现——对此，普通公立大学的当代艺术研究班提出了一种模式。

对现实的复唯物化

整个 20 世纪一直经受着"稀少"的影响：十二音体系的音乐，历经威伯恩（Webern）再到凯奇（Cage）的无声音乐会；绘画放弃了原先的主题转攻光影，从光影到抽象，从抽象到虚无、空洞，出现了马勒维奇（Malevitch）的《白色背景中的白色盒子》这样的作品；新小说发起了一场针对人物、情节、心理、叙事、悬念的战争；新烹饪，也深受结构主义的影响，放弃了嘴巴能尝到的味道，转而去取悦眼睛，重视摆盘、颜色搭配及盘中的建筑结构。这一切慢慢走向稀少、虚无，继而比"无"更少。

然而在 20 世纪末尾却出现了大逆转：音乐重拾了调性，有了丰富的管弦乐修饰、各式交响乐器材和新浪漫主义的装饰音，教堂中充满了来自波罗的海沿岸地区的中世纪音乐；绘画遵循最纯粹的彩色主题传统，以及掺杂一些

诗情画意的经典表现手法；小说也重拾了资产阶级通奸故
事、自恋短文、人物和人物精神、感情描写——还有新小
说教父，倾其所有以求入主法兰西学院，让拒绝马刀和号
角的行为成为徒劳；厨师们靠小牛头赚得盆满钵满……天
下太平。从词源的角度看，这个时代与其他时代并没有什
么不同，都会将反抗精神当作美德来赞颂。

　　朝向虚无的运动是错误的；通过重新激活旧价值来让
我们远离虚无，同样有缺陷。既非禅宗也非媚俗。那么是
什么？是对实在、世界物质的重视，对内在、现世的渴
望，对物体的结构、物之柔滑、实体表现的热爱。既非天
使也非野兽，那么是**谁**？是人，是个体，是唯名论实体，
也是独一无二、不可分割的身份。在冠冕堂皇的大道理之
后，在冠冕堂皇的大道理结束之后，超然于冠冕堂皇的大
道理之上。

　　基督教和马克思主义不再统治天下，而是在可能的世
界观的市场中平分天下，但还有绕不过的一点：身体。这
里的身体并不是柏拉图思想中那具一分为二的经过裁剪和
毁坏的二元身体，而是后现代科学中的身体：一具活的、
神奇的、伟大的、富有潜能的肉身，被未知的力量穿透
着，被还未开发的能量影响着。艺术总是服务于神圣，而
神圣似乎能道出比理性更多的内容。

　　而如今，能道出比理性更多内容的，是身体：是斯宾

诺莎笔下我们从未真正被激发的身体，我们不知道"身体能做什么"，是被尼采称作"大理性"的身体，是被德勒兹和福柯最终置于他们哲学研究中心的身体。但这个身体仍是基督教的，仍然带着 1000 多年文明程式的印记，但这并不妨碍它承载神奇的力量。

在文明垮塌之后的一片混沌之中，在时代末尾的虚无主义废墟中，在等待浮士德的身体出现之前，艺术应该站到前哨的位置，充当概念的、意识形态的、知识的、哲学的实验室。上帝死了，马克思死了，接着一些小偶像也死了，面对自己的肉身，人们不知所措，境况依旧。怎样定义它？怎样抓住它的模式？怎样理解它、建立它、改造它、驯服它？以什么样的方式雕塑它？我们能够，又或者说我们应当期望它什么？我们可以指望这一无法再压缩的本体论吗？

已经有一些艺术家开始关心克隆、遗传基因、转基因、人体机器的再造——至少是再造一些关键功能：摄入、消化、排泄……还有外科对身体身份的重新定义，通过驯服尸体（也就是死亡）来建立世俗的救世神学，对物质的数值化把握，图像的虚拟现实等，所有这一切尽管是后现代的，但其艺术性却并未因此而降低。

因为这些艺术家提倡的人造物，它们定义的是一种新的美。并非柏拉图式的美，也不是以虚幻的古尺丈量的现实，而是新物品、新形式，是构成高级感知的新表象。为什么是感知？在实用主义传统中，这个术语指的是在形成感知判断之前出现的感觉。高级呢？在浪漫主义的传统中，一个物通过其力量和能力压迫一个个体，而这个个体又会反过来，用他所感受到的被压迫的特殊感觉来衡量这个物的功效。更宽泛地来看，这个高级感知的世界预示着一些理念，一些按照内容和现实状况而发挥作用的理念。走出虚无主义的第一步……

•••• 第五部　普罗米修斯式的
　　　　生物伦理学

13

摈弃基督教信仰的肉身

天使模型

现在，我们还是常常带着柏拉图式的身体在生活。这是什么样的身体？是一具精神分裂的身体，它被分割成两个无法调和的部分，一方对另一方实施着严苛的统治：肉身会操控灵魂，物质会支配精神，感性会吞没理性——主张禁欲理想的人如此认为。一方面是化身为人的痛苦；另一方面是依靠非物质性获得救赎的可能性，对于非物质性这个荒谬的悖论，有人告诉我们它既看不见也无法鉴别指认，只存在于无限的实体**之中**……

西方人的身体不仅在日常生活中遭受着这种二分法的折磨，在一些争议更大的领域也一样饱受折磨：健康、医药、医院、医护，以及一切或多或少与生物伦理学相关的领域。这一新兴的学科向唯心主义哲学传统提出了难题，使之陷入了困境，因为唯心主义传统无法回应新问题带来的挑战，而能解决问题的只有功利主义哲学和实用主义哲学。

有一个幻象始终飘荡在意识中——更确切地说是无意识之中……那就是天使的幻象这一柏拉图－基督教理想中的古怪模型。什么是天使？是一种在天上和梦中的生物，一个没有生命的生命体，一个没有肉身的化身，一种非物质的物质，一具逃脱了常规身体规律的反身体：它不会出生也不会死亡，不会享乐也不会受苦，不进食也不睡觉，不思考也不交媾。天使是如此自爱自律，再加上它永不衰败的特性，人们于是明白了，天使是永恒的、不死的、不会变质的、不会腐朽的……

如果这一模型没有成为西方人身体的蓝图，那么这一切都还不算太糟。直到弗洛伊德，西方人的身体才是由肉体和灵魂组成的——肉体的物质性和精神无意识的非物质性。在此之前，身体一直被视作高尚器官（心脏、大脑）和下流器官（肺、内脏）的集合体，高尚器官拥有积极的象征——勇气、才智……从柏拉图的《蒂迈欧篇》到后现代医院，距离也不过如此……

与天使相反，真实的身体需要吃、喝、睡，它会变老，会痛苦，会消化，会排泄，会死亡；它离天界很远，是由血、神经、肌肉、淋巴、乳糜、骨骼等组成，是由物质组成的；它不知道依据非物质原则而来的高尚部分，根据这一非物质原则，它可以与自我建立联系，而自我能保证它能得到救赎——接触到上帝和神，方法一样，它是绝对的内在。

西方人身体的构建伴随着圣·保罗式的神经官能症，那是一种对自我极深的厌恶，而自我还会将这种对自己的厌恶转化成对尘世和世界的蔑视，试图与世界为敌。希腊和拉丁教会圣师著作、中世纪经院哲学以及唯心主义哲学历经了几个世纪，接着出现了讲道、说教和教士针对一小部分人简化的言论，这样的传教同样也是1000多年，所有这一切留给我们的遗产便是一具残缺的身体。这具身体仍然试图从披着一元论外衣的唯一性中寻求救赎，而一元论充满着各种新的存在潜能。

勇敢的启发

为了彻底告别天使，让我们推崇唯名论、无神论的身体，具象和机械的身体——即使是机械的，也比唯灵论对手们声称的身体更加灵活，这样的身体值得我们对其进行概念和理论上的提炼。让我们认清肉体，将其体内的幻象、虚构和其他魔幻表象统统清空。离开那个原始思想的时代，进入一个真正的理性时代。

操控着伦理委员会的主流哲学，为了避免被嘲讽，干脆直接回归到了梵蒂冈发布的《健康人宪章》。为了将保守之丸传递下去（凡是不保守的就是反动的），他们自发地去求助利科、列维纳斯，去复活我们这个时代的经院哲学——让－吕克·南希（Jean-Luc Nancy）等人的现象学。他们还特别推崇汉斯·约纳斯（Hans Jonas），他将科技恐惧症理论化，并且以"责任原则"之名总结出了等待的急迫性。

他的原动力是什么？是"恐惧的启发"。根据莱茵河彼岸的卡桑德尔（Cassandre）的理念，如果想取得现代性上的进步，就必须将人维持在恐惧的环境中。在这一环境中，"坏"是确定无疑、无可避免的。他们对本体论恐惧的推崇造成了科技的停滞。结果：预防原则大获全胜，象征着保守主义的胜利。

与之相反，我支持"勇敢的启发"。若根据约纳斯的思想，人们就会以坠机之名反对发明飞机，以海难为借口放弃船舶，会举着"有出轨危险"的横幅叫停火车，会通过预言车祸的发生来一本正经地劝阻汽车制造者，会因为害怕触电身亡而放弃电。这位哲学家可能还以生命终会死亡为借口来劝阻上帝本人不要制造生命……

在进步的辩证法中，消极性不会自动消退，而是融入其中。但这种消极性不应成为焦点，否则人们就无法退而远观这一概念上的固定性脓肿。"恐惧的启发"是胡塞尔和海德格尔的学生的一种狡猾的表述，目的是给科技恐惧症正名，而这些罹患科技恐惧症的一代人正是拒绝现代性的一代人。他们应该更青睐恩斯特·布洛赫（Ernst Bloch）的《希望的原理》……

这一著名启发引发了一系列危险后果：将公众禁锢在他们的无知之中，美化愚蠢，鼓吹大众的原始应激本能，推崇晦涩，否定启蒙思想，让人民远离专家，切断了科学世界和民族之间的桥梁……

就以克隆事件为例，约纳斯的信徒放任大众的陈词滥调四处播散，而这些大众很少或者几乎不知道这一事件背后的科技知识，还未认真思考，就迫不及待地发表意见，而他们的知识来源不过是类似《美丽新世界》的书籍或电影这样的科幻作品——缺乏科学的科幻。恐惧启发的根基，是对人民的蔑视，是精英主义，是无法渗透阶层的贵族政治主义，是通过宣传对民众的强暴，这种宣传求助于情感、本能和激情——害怕、恐惧、忧虑和恐怖，从而从根本上背弃了理性，也放弃了它的正确用途。

相反，"勇敢的启发"不会从先验上去斥责针对后现代提出的棘手问题，而是直面它们：再生性和治疗性的克隆，绝经后的生育，挑选胚胎，体外繁殖，优生学，面部移植术，脑外科和变性外科，医疗辅助生殖，安乐死，死后繁殖，等等。

身体的扩大

如今普罗米修斯式的生物伦理学仍在反抗宙斯——对既定秩序的先验性辩护。普罗米修斯，人类的创造者、火种的偷盗者，他欺骗众神，造福人类，具有化解困境的天赋，也具有获取赫斯帕里得斯果园中金苹果——不朽……——的谋略，他为当今后基督教的社会提供了一个典范。

因此，必须重新定义身体，必须跳出基督教的模式重新思考它。身体变成原子实体，而不是包含非物质解药的原罪的黑盒子。在它的组成成分中，有一部分是游离的，可以离开载体，还有一部分是留守的，能接受各种改变，它有可见的范围和一系列磁场的流动，它有能量和力量。它只是一个实体，这毫无疑问，但它能根据不同的形态做出多样的改变，而这些形态目前还不能清楚解释。

后基督教的身体定义中纳入的某些事物，传统定义却将其置于边角地带，拒绝它们，或者将它们归入病理学、精神疾病、癔症和其他综合征的范畴。那说到底，魂不附体、僵住症、癫痫是什么？怎样谈论心电感应、思想传递和直觉？还有梦游症？磁场？梦，反常的睡眠？无意识，是弗洛伊德的无意识还是其他无意识？胡言乱语，又怎么理解、怎么解释？瑜伽修行者的表现？催眠治疗？这么多被置于边缘地带的事实，显示了身体之中尚未被解释的潜能——也是未得到开发利用的潜能。

有人看似超越了物质，但实际上他的研究对象就是物质，这招致了一些人的蔑视，这些人按狭义的实证主义的方式，将医学视作一门科学（科学是一门艺术）。面对不可否认的事实，为何要拒绝思考？费耶阿本德（Feyerabend），他不会将任何事物排除在他对知识的好奇心之外，他在《反对方法》中断言，任何一门学科都有可取之处，哪怕是那些显而易见的伪知识——比如占星术……，然而有多少个郝麦先生①，以为只要像鸵鸟一样将自己的头埋到沙子里就能解决问题了？

那些同时存在的平行知识——比如东方医学、中国人的智慧、非洲人的技巧、加勒比人的才智以及萨满教的医术——让我们发现了一台身体机器，这毫无疑问，但也让我们发现了这具身体远比我们惯常认为的要更加灵活。事实上，我们思考的往往是机械的细节，考虑的是零件的编码，想到的是各个系统的组合，却忘了联系所有这一切的东西：后基督教的身体需要的是狄俄尼索斯式的唯物

---

① 《包法利夫人》中的人物。

主义。

　　举个例子，在西方医学狭隘的实证主义逻辑中，每个器官都有它的专家——从负责大脑的神经科医生到负责肛肠的肛门直肠科医生，可为什么没有人专门负责自主神经系统？我们身体内环境的稳定、节奏、温度、血液流动、呼吸频率都和自主神经系统有着密切的关系，怎么解释这一现象？为什么要遗忘这个看似包含了部分身体奥秘的东西？是否是出于思维习性，习惯性地忽略了那些可以（可能）让人在认知单纯肉体方面取得真正进步的东西……

14

人为的艺术

超越人

自开化以来，人类一直在进行自我的人为化，致力于突破自然条件的限制。第一次穿颅术，第一次白内障手术，证明了人类不应该将大自然当作温柔纯良的给予者，这类给予者像象征丰收的羊角一样，只提供正能量。大自然里还有死亡，有痛苦，有折磨，有争斗，有尖牙利爪，有优胜劣汰。

对自然的超越成就了人类。为了拒绝忍受精神和肉体上的痛苦，人们发明咒语，配上熬制的药剂、捣碎的植物，再加上各种粉末、草本植物、果汁，调制出溶有魔咒的饮料，还求助于神奇的思想，他们触碰，将动作仪式化，介入，阻止大自然，强加人类的意志，即使是在原始时期，在跌跌撞撞的探索时期，他们也能窥见医学的本质：反自然。

超越人意味着什么？不是人的终结，也不是非人或超人，而是后时代人在保留人的同时超越人。目的是什么？是对人的升华、实现、完善。对于完全受控于自然的旧身体，我们不做任何改变，但我们会给它加入人为和文化，给它注入人类智慧以及普罗米修斯式的反抗精神，让它跳出自然需求决定论的桎梏。

在众多方法中，哪一种才是打造这种后时代人的方法？答案是基因转换。诚然，外科学能做的同样很多，只要我们让它去做（从本体论的角度），但介入基因的可能性为人类医学史开启了一个全新的视角。不迷信任何一种遗传学，也不创造任何基因膜拜——基因只能做到它能做到的，尽管它所做的已经很多，但仍然不是全部——在这里，我们找到了一条通往后时代人的康庄大道。

这样一来，我们便明白了那些宣扬恐惧的启发的人，放任有关克隆的奇幻思想四处播散的意图：克隆，就是工业化地生产出一群相同的个体，目的是生产一种人类，这种人类实现了法西斯式的幻想——权力在握的精英阶层掌控着一群愚钝的大众……科幻真妙，但对于真正的科学来说，毫无指导意义。

因为再生产式的克隆只会人为地制造出一模一样的遗传本金。但我们并不是我们的遗传本金，而是遗传本金与世界实体和世界厚度相互作用的产物。如若不然，那么对于同卵双胞胎——这是自然情况下的再生克隆——来说，一方就是另一方的完完全全的复制品。但是我们都很清楚事实并非如此。教育，从广义上理解，有相互影响，有环境影响，有机遇，有最初的培养，这一切毫无疑问都按照某些模式在雕塑着一个人，而这些模式中的大多数都是不为人所知的。萨特懂得这点，他曾试图解构福楼拜。这一计划经受住了考验，最终成为一部3000多页的作品——并且尚未完成……

恐惧的启发的好处？将再生克隆——既不是可怖的，也不是有益的，所以不会有任何前途——等同于治疗性克隆，让人们可以真正地预防、痊愈和治疗，阻止疾病的出现。在预防的借口下，人们就会给消极性在自然中的全面开动打开大门——然而我们本可以拖住它，阻碍它，甚至避免它。从道德和司法层面来讲，这种行为属于"对处于险境之中的人故意不施救"——而这样的人有数十亿……

规避式的优生学

普罗米修斯式的生物伦理学不会提出创造怪物或幻影，它也不想要纯粹血统的种族，对半机械式的人更是毫无兴趣，也不会鼓吹放弃本性（荒谬的构想！），而是在它的控制下继续笛卡儿主义的旧计划。让自己成为"导师和所有者"。成为勒内·笛卡儿，而非阿道夫·希特勒。

优生学，就其本意来讲，定义的是一种技术，依据这种技术，人们可以在最有利的条件下繁育后代，而这种最有利的条件不仅针对个体（个人健康），也针对集体（公众健康）。按其用途来讲，如果优生学只存在于刚开始研究这种激化方式的实验室里，目的是将利益最大化，那么优生学就是自由的；如果优生学是按照纳粹的方式，试图更新人类，按他们恶毒的构想净化人类，那么优生学就是种族主义的；如果优生学推动的是一种对生命近乎苛刻的尊重，将生命变成了某种异教式的崇拜物，以至于到了把大自然的病理学产物当作上帝考验的地步，那么优生学就是天主教式的；而当优生学把技术运用到了制造时下最流行的外貌——年轻，美丽，金发，蓝眼，胸大无脑——的领域，那么优生学就是消费主义的，这样的例子还有很多。不用过多论述，我们就能发现，上述每一个说法都站不住脚。

即使优生学有可指摘之处，指责也并非针对它本身，而是针对修饰它的形容词。举个例子，如何看待"自由主义"优生学？首先，怎么定义它？它是一种规避战略，一个简单的目标：增加世界上出现幸福的机会，以"疾病、折磨、残疾和身心痛苦会妨害潜在的快乐"为原则。

所以就是：**降低**世界上出现痛苦的机会。

避免进入空洞无物的争辩之中，每个人都应该在定义世上的幸福表现和痛苦表现上达成共识。对于任何一个即将降临于世的生命体，它想要的应该是健康而非疾病，是健全而非残缺，是活力而非虚弱，是精神焕发而非萎靡不振，是正常而非反常。如果真的存在基因规避的可能性，那么一个人若偏爱疾病、残缺、虚弱、萎靡不振和反常，或不承认这些痛苦的存在，在我看来就是本体论意义上的罪人，因为他拒绝规避。

健康，至少可以被定义为没有疾病，它给我们提供的是最温和的脱凡状态。因此，当存在的是各种获得肉体宁静的方法而非饱受苦难的身体时，为何还要选择困难呢？在任一生命体形成之前（这里绝对不涉及消灭某个生命，因为它尚不存在），我们为什么要拒绝在数十亿个可能的基因组合中为它**挑选**出最好的生存可能？

自由主义的优生学不会生产次等人，也不会生产超人，它所生产的就是人；它使得每个人都有同样的获得人性的机会；它可以纠正自然的不公，可以创立一种文化公正性的秩序。然后，一旦一个生命来到世间，自由主义优生学就会在疾病发作之前产生一种预防医学，从而避免疾病的发生；因此，自由主义优生学规避了痛苦和无效的治疗、众多需要时刻小心的病症，以及被医药工业掩盖的副作用……

转基因医学在自由主义优生学的帮助下，摧毁了痛苦式医学的绝对统治，后者在大部分情况下，是用另一种反方向成比例的病痛来抵抗原有的病痛。转基因医学定义的是另一种全新的医学，这种平和的医学以一种战略方式缓和了消极性的出现。

人造物的形而上学

普罗米修斯式的生物伦理学的强大力量能开辟一片新天地，里面有着各种全新的哲学客体。除了一般意义上的物理以及一直以来图解式的世界物理，思想者还发现了一系列新颖的主体，召唤着前所未有的探究和解答。

这一新的形而上学——从词源上讲：是在"形"之上——拥有一个奇异的特点，因为它定义的主题是十分具象、绝对内在的！找不到任何借口再去创造一个晦涩难懂的学说，没有理由在词句上矫揉造作，也完全不需要任何新词，只有一种视角，解决我们这个时代特有问题的新视角。

因此，要创造一种新时间，冷冻基因材料的时间。当精子、卵子或胚胎被提取出来时，它们遵循的是与整个地球相关的时间法则。每个细胞都有其动脉年龄：它存在于时间之中。一旦被低温冷冻保存，它遵循的就是双时间法则：一个是恒温室中的时间，一个是恒温室外的时间。活细胞的时间被暂停，目的是人工创造另一个时间，而这个时间也是冻结的、暂停的，但它会被记录在社会时间之中。暂停的细胞重新开始活跃的时间要先于其再植术的社会时间。

具体来说：捐赠者的精子可以逃脱自然时间，进入人为的时间暂停之中，与此同时，捐赠者本身仍然处在社会时间之中。有可能的是，在他死之后一个世纪，他有形的身体已经变成枯骨，但他游离的身体却依然存活于世。这就是形而上的问题了。

除了这些新时间，还要补充一些新事物：被移植到机器中的活体，比如将神经元和芯片联系起来；或者是在需要移植假体的时候，把机械移植到活体中——从钢钉到心脏起搏器或动脉支架，再到钛制心脏；还有将其他物种的生命体植入人类身体中：将猪的二尖瓣移植到人类心脏中，或是利用它的皮肤、胰岛素——但不会讨论反向的兼容性：不会再将人动物化，而是将动物人化——比如一只实验室的老鼠，在生理上与智人相兼容……

同样地，我们还可以重新认识药物，现有的药物是依靠化学分子来产生相应的作用。随着心理的化学式发展，心理分析紧张地发现自己的领地越来越小。面对后现代药品无法驳斥和不容忽视的效果，类似的争论就已经在一定程度上意味着萨满技术（很有效，尽管不具备科学性）的衰退。

这些新力量既可以效力于死亡冲动，也可以效力于生命冲动。多种多样的抗焦虑药、抗抑郁药、安眠药，它们治疗的与其说是明显的疾病，不如说是主体的一种无能——主体无法平静地生活在一种文明中，这种文明会强行征服忤逆它的人或是将他摧毁。不顺从的人在化学作用下成了僵尸，这种药学也因此获得了他们的臣服和顺从。他们既在世界里，也在世界外。

根据自由主义生物伦理学，对这些实体的制造、规定以及消费，都是以享乐主义为原则。并不是要消灭、抚平主体性直至其消亡，而是增加世界上幸福出现的可能性。以伟哥为例，它将改善精神的方式给了肉体，向人们展示了什么才是依据生命冲动的狄俄尼索斯式药典。

15

浮士德式的身体

两种虚无之间

　　每一个存在都来自虚无，最终也要回归虚无。因此，我们可以将生命定义为介于两种虚无之间的游戏。但界限是模糊的，我们可以在任何时间任何地点去界定它。一个生命体源于一个精子和一个卵子，这没有人不知道，那么这两个相互独立的客体，它们的哲学身份是什么？是半生命体？是潜在的生命体？还是两个相互补充、具有生命的力量，但必须通过结合才能产生另一个生命，真实、实在的生命？

　　一个精子钻入雌性配子的包膜之后，数以亿计的精子会被排除在外，它们是活着的。细菌会作用于人死之后的尸体，这些细菌仍是活着的。在生命形成之前，已经有了生命，在生命结束之后，仍还有生命。生和死相混合，从虚无中出现又回归虚无，在这样骚动不安的现实里，除了生命的各种变体，我们还能看到什么？

　　人的人性就是"活"，介于两种虚无之间的"活"。

它并不等同于"不死",而是在生命历程中突然出现并且可能消失的东西。因此,在受精卵形成几个小时之后,即使活得很好,它也不是人。针对那些总是谈论"潜在的人"的基督教徒,我们可以反驳道:任何人,即便有死亡的潜在可能,他也仍然活得很好,因为从可能到实现,中间还完完全全隔着一个世界。

也可以思考一下这个潜在的人:当他成为事实的时候,他才成为人,然而无论如何,因为是潜在的,所以他只能是源自托马斯主义经院哲学的一种诡辩。对于潜在的人来说,为了成为一个真正的人,他所缺少的就是:这里所说的人性。

精子不是人,卵子也不是,胚胎也不是。一个人身上人性的出现,并非因为他的(人类)外形,而是因为他与世界的(人类)关系。单纯地存在于世并不够,要知道蟑螂也在这世上活着呢。需要的是关联,是相互影响的关系,是与可触知的现实的联系。

首先,一个生命体的人性意味着感知世界、感受世界和从感官上理解(哪怕是粗略地)世界的能力。为了达到这一要求,一定发达程度的神经系统就是必需的。最初的几天和几周尚且无法积聚足够的素材和细胞来构建这样一个神经系统,它还不算活着,还没有出现人的事实。灰质应该对两类可以复位的刺激做出反应:感知快乐的能力以及感受痛苦的能力——享乐主义的基础。从科学上看，这种解剖学上的可能性在胎儿发育到第 25 周时才开始出现。虽然从精子、卵子相遇的那一刻起，生命已经开始，但是从第 25 周开始，它才脱离虚无，渐渐成为人。

然后，或者说很久之后，一个人的人性才会在三重互相关联的能力之中体现出来。这三重分别是对自我的意识、对他人的意识、对世界的意识，伴随着在自我和自我之间、自我和他人之间、自我和现实之间产生相互影响的能力。任何人如果不知道自己是谁、别人是谁以及世界是什么，即便活着，也是没有人性的。但是，先于人性出现的人，和继人性出现之后的人，他们所呈现的本体论重负是不同的：中立的胚胎更轻，而过世之人因其饱含的记忆、情感和故事而更重。

在人性还未形成之前和人性已经消亡之后，所有的人类操作，从本体论的角度来讲都是合理合法的。未形成之前：选择基因，培养胚胎，挑选胚胎，避孕，人工流产，转基因；在已确认脑死亡，或依靠人工维持生命，或正式确认深度昏迷的情况下：安乐死，提取器官。

神经元身份

这是一个全新的世界：用外部素材建造一个新身体，

享乐主义宣言

不再区分人和动物，将自然人工化，借助外科或基因超越自然，摒弃基督教式的肉身，区别游离的身体和有形的身体，将理想的特异性身体与唯物主义的、生机论的、原子的、狄俄尼索斯式的局部身体区分开，致力于扩大身体，努力让肉体去基督化，努力超越人，并创造出人造物的形而上学。在这一新的形而上学领域中，身份是指什么？身份在哪？是什么样的身份？

忒修斯的悖论①可以提供一个答案：希腊人满怀虔诚地保存着他们英雄的船舶。时间一长，船体会渐渐腐朽，木匠便会更换木板，先是一块，然后两块、三块，更多。当原始的船上最后一块木板被换掉的时候，人们依然尊敬这艘船。忒修斯之船是什么时候消失的？是第一块木板被换掉之时？还是第二块？还是最后一块？抑或更换到一半的时候？

换一个说法：我们可以切断一个人的一条腿、两条

---

① 忒修斯悖论指的是忒修斯之船——最古老的思想实验之一。据描述，这艘船可以在海上航行上百年却能历久弥新，因为每坏掉一个部件都会立刻更换上一个新的，以此类推，直到这艘船上没有任何一个部分是原来的。而问题就在于，最终的这艘船还是不是原来的那艘忒修斯之船，抑或是另一艘完全不一样的船？后来，哲学家霍布斯对此进行了延伸，提出如下问题：如果用忒修斯之船上取下来的所有老部件来重新造一艘新的船，那么两艘船当中哪一艘才是真正的忒修斯之船？在哲学中，忒修斯之船常被援引来研究身份的本体问题，如"身份的转换始于何时"这样的问题。

腿，一只胳膊、两只胳膊，但他仍然存在；我们也可以切除他病变的器官，再给他植入一个新的心脏、肝脏、肺等，他也还是他；如果他的面部因烧伤、事故、损伤、腐蚀而被损毁，我们甚至可以给他重塑面孔，但他仍然是他。那么在什么情况下他才会失去自己的身份？

针对这一问题，莱布尼茨给出了一个恰到好处的寓言：他假设将修鞋匠的大脑移植到国王的身体中，将国王的大脑移植到修鞋匠的身体里。经过这样的操作之后，会修鞋的是哪一个？是有着君主大脑的修鞋匠的身体？还是另一个？从理论上说，到底哪一个才能料理国家大事？是君主的肉体、补鞋匠的大脑灰质？还是相反的？

在德国哲学的时代，该寓言一直停留在假设的领域，而如今，它已经成为实验室中的事实。大脑的移植是可行的，目前因移植而出现的四肢麻痹问题将在不久的将来迎刃而解，只要神经元之间的搭桥能重新形成，这种重新形成需要对那些具有重建神经统一性的生理条件的细胞进行移植。

受这个例子的启发，我们可以得出结论：我们是我们的大脑。我们可以更换身体中全部或是几乎全部的东西，但这些变化只是我们肉体结构上的改变，而大脑所做的工作才是重建和重新适应新形象。但绝不存在另一个人体组织能够代替大脑进行重建工作，这绝对不可能。

我们的大脑是记忆和习惯之所，是童年的神经元和教育的神经元形成的地方，它包含着习惯、回忆、数据，根据那些数据我们可以识别人物和地点，它储存着各种基础资料，避免我们一而再再而三地去学习那些最简答、最普通、最基本的操作。个人时间的印记和集体时间的印记被压缩在大脑中。语言被包裹在其中，文化亦是如此。我们全部的身体最终都逃不出大脑，被它控制着，在它里面生活着、留存着。身份的所在，存在的根本部分，就是大脑。其他所有一切都由此而来。

死亡的教育学

这样一具浮士德式的（或者说普罗米修斯式的）身体，应该怎样谈论死亡？几个世纪以来，都是宗教负责解决这一问题。当神话不再盛行，甚至没有人给孩子讲神话故事片段的时候，这一基本恐惧的本体论出路是什么呢？作为对咒语的实践，人们认为神的诞生和天堂的诞生都源于死亡。

神学应让位于哲学，基督教也应自动隐去，让古代智慧——优先考虑斯多葛以及伊壁鸠鲁——带来救世良方。因此，我赞成自愿死亡：尽管存在必然性，但我们没有任何义务要按照必然性来生活，我们可以按照自己的意愿选择放弃生命；我们的身体属于我们自己，我们可以按照自己的意愿去使用它；存在并非由生命的量来衡量，而是由它的质决定；好死比赖活更有价值；我们应该过我们应该过的生活，而不是我们能够过的生活；选择一个（好的）死亡比忍受（糟糕的）生活更有意义。

依循古人的教导，安乐死可以说直接将斯多葛画廊学派和后现代绝对权力意志联结了起来。与此相对，犹太－基督教传统还在为其临终关怀的做法——最近大有回归宗教旧式武器库的趋势——辩护：救赎式的苦难；赎罪的痛苦；死亡是一个得到宽恕并与周围人和解的过程，是获得自我宁静与祥和的唯一机会，为死后的安宁铺平了道路；临终就是存在的岔路口。是塞内加（Sénèque）式的自杀还是耶稣的受难，简单的二选一。

求助于古代异教思想还能让我们直面死亡——人们从未驯服的死亡。23 个世纪过去了，伊壁鸠鲁的论点依然生机勃勃。在这位哲学家看来，死亡没什么可怕，因为当死亡来临时，人已经不存在，当人活着时，死亡还没有到来。所以，死亡与我们毫无瓜葛。在我看来，我不会说"毫无瓜葛"，而是将它当作我们的一个"理念"。

同一阵营的爱比克泰德（Épictète）将事物分为取决于我们的（以及我们应有所作为的）和不取决于我们的（以及我们应学会珍爱的）。依据这一可贵的思想，我们可以推论出：对于有一天终将死去这个事实，我们无能为力，所以只能与其共处。相反，按照伊壁鸠鲁的推理，我们便可以对死亡这一事实有所作为，因为死亡不管怎样都只是一个理念，一种表述。所以，让我们就在这一表述上做文章：死亡既然还没有到来，就不要赋予它死亡到来时的意义。用我们的生活去蔑视死亡，调动所有反抗它的力量。让我们尽情地、完全地、快乐地生活。

唯物主义导向的是安宁。死亡意味着让我们快乐或痛苦的形式的消亡。所以死亡没有什么可怕的。可怕的在它还没发挥效力之前：让我们恐惧的是"等待着我的是什么"的念头。不要把消极性现实化，知道那一刻会到来就足够了。重点是不要让自己生不如死，而是要活着死去——然而长久以来，很多逝去的人都没有做到这一点，他们从来就没有学会如何生活，所以他们都没有真正活过。

•••• 第六部　自由主义政治

16

悲剧的图谱

至上的自由主义思想

法国大革命发生 200 年之后，在东西方共同的作用下，柏林墙倒塌了，这是一个特殊的 200 年纪念。在这一过程中，教皇没有扮演任何角色，西方列强亦没有发挥作用，更不用说欧洲的知识分子，因为驱动力并非来自外部，而是内部。苏维埃体系不是因外部力量而爆炸，而是内部机制的问题让这一机器产生了内爆。苏维埃联盟和它的帝国垮塌了，因为它们缺乏辩证思维，也就是不善于吸取历史教训。

这个事件同样意味着 20 世纪警察权力、军事权力以及法西斯权力的倒塌。打着人民和左派思想的旗号，当时的政体却与纳粹军事独裁和 70 多年前的墨索里尼军事集权统治相差无几。这么多年的权力统治留下了什么？什么都没有……有的只是一个后继无人的国家，哀鸿遍野，筋疲力尽，身受重创，伤疤刻骨铭心。没有任何名副其实的文学作品、哲学作品、文化艺术作品或科学成果：一场彻彻底底的灾难。

它的对手，自由主义，甚至尚未开战便已获得胜利。总结一下冷战？不过是胜利者用自由主义悲剧替代了苏维埃悲剧。阵营消失了，是的，市场开放了，这是当然，但是，卖淫变得堂而皇之了，黑钱和黑道权力猖獗了，饥饿出现了，大批无业游民出现了，消费逐渐萎缩，直至缩减为市场缔造出来的少数精英们的专属权利，消费主义理念盛行，跨国交易核武器，种族斗争，粗暴镇压恐怖主义，秘密领域专家们的权力东山再起，军事问题和治安问题再次出现。托克维尔成了四处传播的霍乱。

自由主义似乎是我们这个时代无法逾越的一道坎。在苏维埃的全盛时期，自由主义拥有大批知识分子、领薪俸的看门狗和有利用价值的小喽啰。与此相同，当时的媒体思想家们对美国一片赞许之声，即便美国违反了国际法、嘲弄了战争法、无视了人权、践踏了国际司法公约，还满世界进行敲诈勒索（本应受到最高法庭的制裁），支持遭人权委员会禁止的规章制度。

在大西洋彼岸，到最后也没有一个人站出来宣布这段历史的结束！一个也没有……美国自由主义已经在全球范围内大获全胜，还有什么必要思考以后？世界统一了，再也没有任何其他可靠的政治选择要求和当时的统治者共分天下。当**历史**的实现阻碍了**历史**的时候，人们只能静静地望着赢家，为他建神庙，赞颂他的荣耀，与他为伍。

后来，后来的后来……"9·11"来了，历史的车轮得以继续向前。和第欧根尼回应芝诺——对于否认运动存在的论题，要证明它的无效，就要前进——一样，对一个象征——世界贸易中心——的摧毁证明了确实有后来。是怎样的后来！没过多久，我们就明白了**历史**将按照什么样的方式继续下去，自由主义在西方世界的敌人，其轮廓已经十分清晰：伊斯兰政治以它的方式将一批受狂妄的西方市场折磨的受害者们聚集在一起。他们有自己的上帝，他们相信任何战斗中的死亡都能立即为他们打开通往天堂的大门，那个天堂是甜蜜的、美好的，是最终的归属之地。面对这样的敌人，战争注定是残暴的。

欧洲很早便选定了自己的阵营。社会主义左派和政府左派在意识形态上归附自由主义赢家的阵营，为了掩饰相互勾结的事实，他们表现出高姿态，对其方式作出原则上的言语反抗。右派不费吹灰之力就稳住了自己原有的地位。民主的战争由来已久。在法国和欧洲，我们能看到的只有最原始意义上的寡头政治：少数人掌权，左派和右派不分，在相同的自由市场信条和自由主义至上的信条下相互勾结。因此，当今的欧洲成了即将到来的全球性统治中有用的一环。

享乐主义宣言

在法国，附庸者不计其数：记载着前毛泽东主义者、托洛茨基分子、境遇主义者、阿尔都塞追随者、马克思－列宁主义者以及"五月风暴"活动家名字的（上流社会）人名录，并不足以记录那些背叛、投敌行为，以及在具有战略意义的领域推行自由主义的行为，这些领域包括工商业、新闻业、传媒业、出版业，当然还有政治、金融等。每个人都知道他们的名字和他们的事业，所有人都看到了这一小撮人的意图和狂妄自大，今天的他们仍带着 30 几岁时的厚颜无耻在侃侃而谈。区别在哪？他们如今吹嘘的正是他们曾经嘲笑他们老爹的东西！

然而始终存在一类左派，他们没有背离掌权之前的理想，他们绝对忠诚于这些理想。他们相信，在 1981 年 5 月 10 日之前，社会主义者所捍卫的理念至今仍然适用，比如饶勒斯（Jean Jaurès）、盖德（Jules Guesde）、阿列曼（Jean Allemane）或路易斯·米歇尔（Louise Michel）的理念。诚然，应该对这些理念进行重新组织、重新界定，用后现代性的筛子来筛选它们，目的是让它们更加积极、更加可行，而不是去除它们的实体。人民至高无上的权利、对穷苦不幸和无依无靠之人的保卫、对人民利益的关切、对社会正义的渴望以及对未成年人的保护，这些仍是值得捍卫的理念。

很明显，这个"仍然留在原始左派阵营的左派"，在它的敌人"左派之后的左派"口中，被称作"左派之左派"，换句话说，就是"极左分子"。我们不禁怀疑，这一语义上的偏差是不是那些自由主义者的刻意安排，意在让这一派的思想失去可信度，将其归为幼稚、不负责任之人的乌托邦思想。而另一派人，按照右派的方式思考，捍卫右派的理念——无法跨越的市场法则，按右派的方式生活，出入右派的世界，同时也与左派对话，使用一些能让他们的否定言论（在他们自己）看起来不那么激进的词汇：他们改变不了什么，因为他们也投票给左派！这一点毫无疑问，但是，投的是怎样的左派……在这些人的圈子里，谁谈到了人民谁就是民粹主义者，谁呼吁民主谁就从此被定义为蛊惑人心的政客。

执政的左派投向自由主义敌人的怀抱；操控着媒体视野的寡头政治在思想上恐吓任何抱持真正左派观念的人；精英在摒弃了君主权力之后，又臣服于第三种力量（联合国或欧洲），拒绝从1789年继承而来的众多核心价值，即民族、国家、共和、法兰西，它们跟维希政府、贝当政府和法西斯政府等的象征物落得一样的下场。人们何时才可以谈论这些？我们何时才可以说，正是这些背弃产生了民族的绝望，进而确立了并合法化了近四分之一世纪的极右投票？

肮脏的苦难和洁净的苦难

　　法国知识分子看不起比扬古①。比扬古意味着什么？不仅仅指如今已经不复存在的工人阶级。如《工人的状况》的作者西蒙娜·韦伊（Simone Weil）笔下的工人阶级，萨特在《辩证理性批判》中占有大量篇幅的工人阶级，或加缪主笔的《时事》②专栏中的工人阶级。还有皮埃尔·布尔迪厄及其研究团队在《世界的贫穷》中分析、描绘和剖析的新型贫困阶层。秘书和大楼门卫，农民和失业者，小商贩和优先教育区教员，巴黎郊区居民和外来移民，单身母亲和临时工，夜总会保安和临时演员，拥有学士学位的冶金工人和街上已经领完最后救济金的人，身穿制服的片警和中介经纪人，他们是被政客们的政治所遗忘的人，是自由主义暴力的受害者，是消费社会中被遗弃的人。

　　通过描绘说明这一类苦难，布尔迪厄发现了秘密，他将话语权交给了被遗忘的群体。对于这样一个人，人们立

---

　　① 巴黎西部郊区的一个镇，雷诺汽车公司的创始地，曾经是法国重要的"工人阶级堡垒"。

　　② 1955 年 5 月到 1956 年 2 月，加缪曾为《快报》（l'Express）写专栏文章，评论阿尔及利亚危机，这些文章后来以"时事三"（Actuelles III）为题结集出版。

即将他当成了众矢之的，几乎全部的记者（成也萧何，败也萧何）和几乎所有的知识分子都爆发了，他们诋毁他的研究、他的荣誉、他的方法、他的事业以及他的名声。这一切一直持续到他去世，并且在他去世之后仍在继续。我在《赞美易怒的天性》中一篇题为"皮埃尔·布尔迪厄之墓"的文章里驳斥了这些污言秽语，并表达了我对他的看法。

竟然谴责拿着镜子的人！人们不去怨恨应该对这些事实负责的人，也不去怨恨这一普遍悲剧的始作俑者。甚至，人们饶恕了他们，不去提及或指认这些人。然后，再去斥责这样一个人：他尽职尽责地履行着作为知识分子、哲学家、介入思想家和社会学家应尽的职责，他将社会的不幸讲述了出来，以那些无名的受害者为证据，赋予这种不幸以身份，将它程式化。而那些不肯狼狈为奸仍在负隅顽抗的人更惨：人们朝他们放出恶狗，污蔑、歪曲、撒谎，没有什么能阻挡恶狗——如同让·卡纳帕（Jean Kanapa）大权在握的美好时代。

所以，当我们出了门，走到大街上的时候，就别去管那些臭烘烘的乡巴佬了，也不用理会那些兜售低劣报纸的卖报人，我们要乘上去德黑兰、基加利、萨拉热窝、阿尔及尔、巴格达或是格罗兹尼的飞机，这些是拥有洁净的苦难的天地。我们会在两座豪华酒店之间进行新闻报道，几天之后，报纸专栏中就会出现有关人道、人权、对外政策的说教，他们开辟一个版面就好像某些人出于职业习惯张开双腿一样。比扬古？太大众了，太平庸了，太土气了……

当遥远的、国际性的、世界性的和全球性的悲剧成就了某个马尔罗式的自我表演时，人们就会承认他，认可他的才能和力量：奠定了自己在出版界、发行界和上流知识界的可利用价值的地位之后，人们便会从他身上收获现成的好处。马克思曾预言这种无能，即历史总会按照无情的法则重新上演：一段时间之后悲剧会再次出现，这毋庸置疑，不过是以喜剧的形式上演……这并非勒内·夏尔或乔治·奥威尔所愿！

在《反抗的政治学》中，借用《神曲》中的各层地狱，我描绘了这样一个新型地狱：**丧失行动力、无产出的群体**，如老人、疯子、病人、犯人；**非生产性力量**，如外来移民、偷渡客、政治避难者、失业者、低保人群和临时工；**社会群体中遭到剥削的力量，即居无定所和没有安全保障的人**，如合同工、学徒；**或固定常驻的被剥夺自由之人**，如青少年、工薪阶层、妓女、无产者和没有稳定工作的人。数百万人被排除在社会群体之外，也被排除在所谓的民主理念之外。

这些证据从未被呈现，也没有在任何场合被提及，它们被不断排挤，在文化、政治、文学、电视、传媒、广告、电影、报道、高校、出版各界几乎无迹可寻，它们是制度全速运转下产生的废料，政治寡头们不希望有人注意到它们的存在。任何"压抑的回复"① 都会让寡头们暴怒不已，他们会想尽一切办法打压它、阻止它、分解它。当然，其中还包括求助于极不道德的解决办法。

否定人民中这一受难群体，只将目光聚集在全球性的洁净的苦难上，知识分子与社会脱节，不承认肮脏的苦难，左派政府腐败无能，自由主义的自由倾向所产生的堕落产物——在这种倾向中，自由主义清晰可见，但极端自由主义的部分却被完全掩盖……，这一切所造成的，要么是在选举表决时的政治弃权主义，要么是躲在单纯抗议者阵营中的反对者，要么就是混乱的极右派的发展壮大。否认肮脏的苦难将引发虚无主义的压抑的回复。

微型法西斯主义

头戴钢盔、手持武器、脚踩长筒靴的法西斯已经消失。这种形式的好处就是它的可见性：压榨盘剥的形式在大街上、警局、军校、媒体、高校及其他公民社会中可感

① 精神分析用语。

知的场所都可以见到。遵循暴乱原则的政变和借助装甲特遣队和果敢的精英部队的无法无天的政变，如今已不复存在。20 世纪的美国曾在南美洲施行过这种政变手段，如今一些非洲国家仍固守着这种已经过时的模式，但法西斯主义已经不再求助于这样的大招数。原本"狮子一样的法西斯主义"让位于"狐狸一样的法西斯主义"：这一点值得分析。

首先是狮子一样的法西斯主义：一般的、传统的、被写进历史书中的法西斯主义意味着一个信仰狂热的民族共同体，它大张旗鼓地吞噬和消化个性，致力于建立一个先验性的信仰狂热团体——种族、人民、国家、德意志……私人生活在至高无上的集体性熔炉中消亡。政治宣传覆盖了所有领域，规定人们要按照精确的、既定的、独一无二的方式去阅读、思考、消费、着装和行事。任何其他言论都是不合群的，会遭到打压、诋毁，甚至封杀。理性一钱不值，在某些地方甚至被视作衰败的因素、腐朽的源头。相对于理性，法西斯更加推崇民族天性、大众冲动，以及群众的非理性力量，这种力量往往被强有力的言论和洗脑性的媒体手段激发和煽动。这种纯粹非理性的实现，需要权威的领导人、伟大的组织者，以及高度概括的原则。

然后是狐狸一样的法西斯主义：它从历史中吸取教训，在形式上做了调整，并进行了能指上的变革。因为自由主义本身是具有可塑性的，这也正是它的力量所在。政变已不再流行：在如今全球媒体和图像主宰的时代，太显眼，太难站住脚。这绝非上策……因此，人们抛弃了马基雅维利狮子的暴力，转向同为斗兽的狐狸，它以狡猾、诡诈、弄虚作假出名。狮子借助的是军队的力量，狐狸借助的是阴谋诡计的力量。

就内容而言，其实并没有多大改变：涉及的无非是将"多"简化为"一"，是抑制个性，使之服从超然于个性之上的集体；他们借助奇幻思想和本能，而不是理性；他们威胁恫吓；他们通过攻击敌人——实质上是替罪羊——来为恐怖统治辩护；他们不会束缚人的身体，而是控制人的灵魂；他们不会虐待肉体，而是对人的精神进行狂轰滥炸；他们不会发动军队；他们将知识分子格式化，让他们不思考或再也无法思考：没有新内容，除了包装盒以外……

这项事业的成功有目共睹：在自由主义掌控的地方——《马斯特里赫特条约》之下的欧洲毫无疑问是其中一部分——出版业和新闻界搅拌着这一锅味同嚼蜡的稀粥；权力在握的政客们，左派右派混淆不清，他们维护的是同一个计划，却为了舞台效果制造出虚假的分歧；主流思想歌颂的是主导者的思想；市场成为所有领域的法则：教育、健康、文化，这是当然，但军队和警察也是一样；

政党、工会、议会都是致力于重现同质社会的寡头集团中的一分子；他们抑制大众的批判理性，转而推崇非理性的沟通逻辑——被占据垄断地位的大财阀们巧妙地搬上了舞台；他们在日常生活中通过电视节目的引导来操控大众；对于任何哪怕只有一点涉及崇拜消费主义的建设性计划，他们都会百般阻拦，等等。

狐狸一样的法西斯是微型的，因为它只显现在细微之处。米歇尔·福柯的教诲：权力无处不在。在现实的间隙里，缝隙里，夹缝里。在这里，在那里，在别处，在无数细微的表面上，在无数逼仄的空间里。每一天，这种狐狸般的狡诈都会千百次发挥效力。

另一个权威教诲来自拉·博埃蒂（La Boétie）：他在《论自愿服从》中表示，任何权力的实行都伴随着受众的赞同。这种微型法西斯主义并非从天而降，而是随着它的摆渡者像根系一样在向外生长辐射，我们每个人都是潜在的摆渡者，用电工用语来讲，我们就是这种邪恶电能的导体。证实这一点是第一步，这对于反抗思想来说至关重要。明白了哪里有异化，知道了它怎样运作，来自哪里，才能满怀希望地展开后续工作。

17

享乐主义政治

易怒的极端自由主义天性

左派在何处？这是眼下的问题，毫无疑问，但也是根本性问题。它什么时候诞生的？它在哪？怎么定义它？进行了怎样的斗争？它的历史是什么样的？代表人物？最著名的斗争？它的失败、局限和阴暗面？社会主义、共产主义、斯大林主义、托洛茨基主义、毛泽东主义、马克思列宁主义、社会自由主义、布尔什维克主义都是它的一部分，这毋庸置疑。但是，饶勒斯和列宁之间有何共同之处？斯大林和托洛茨基呢？毛泽东和密特朗呢？圣·于斯特和弗朗索瓦·奥朗德呢？从理论上讲：是不屈从于贫穷、不幸和不公正，是不妥协于小部分富人对大多数人的剥削。从实践上讲：法国大革命，1848年的欧洲革命，1871年的巴黎公社，"五月风暴"的人民阵线，1981年到1983年的巴黎……但是，打着同样旗号的还有：1993年的恐怖时期，古拉格，科利马，波尔·布特（Pol Pot）。

这就是**历史**——生命冲动混合着死亡冲动。

那左派的精神又是什么？若我们只根据载入法国史册的左派事迹来做判断的话，就是：1789 年实现的公民的**法律平等**——不管是犹太人还是非犹太人，男人还是女人，白人或黑人，富人或穷人，巴黎人或外省人，贵族或平民，文学工作者或手工业者；**社会性的博爱**——集体工厂以及 1848 年的"为大家而劳动"，1936 年的每周 40 小时工作制以及带薪假期；"五月风暴"，路障被推倒之后，广大人民获得的**被扩大的自由**。正是利用了革命中易怒天性产生的能量，才会有这些胜利。这一历经 300 年的能量构成了所谓的**左派的狂热**。那是一种自知或不自知的结构性力量，我们或许接纳了它，或许没有接纳它；该力量并非来源于理性的演绎，而是源于一种与自我相关的表面情景：再一次，存在式心理分析学可以帮助人们意识到这种自我波动的出现——或是它的缺席……

左倾尼采主义

我认为，左倾尼采主义是 20 世纪易怒天性的极致。世俗总是将尼采主义和右派思想联系在一起。尼采的姊妹纳粹，歪曲了他的文本，而一大批尚未开化的人相信了纳粹的歪曲，于是在他们眼中这个金发碧眼的雅利安人成了查拉图斯特拉的化身。读一读他的著作，就不会再认为这个抨击"国家"的人，这个狂热的反排犹者，这个唾弃德意志的人，这个军事暴力的敌人，是个纳粹，或是国家社会主义探险之路上的同伴。

历史编纂同样从一开始就选择了对左倾尼采主义避而不谈：我们能在《悲剧的诞生》《人性的，太人性的》或《朝霞》中读到对于左派思想而言始料未及的哲学支撑。我们会在其中发现：对犹太基督教禁欲理想的严厉批判，以及对天主教堂的猛烈攻击——这会让自由的反教权思想备受鼓舞；对工作本质的批判，劳动成为管理人类自由天性的社会契机——这会让那些为了缩短工作时间而斗争的人们和拒绝将劳动的必要性视作美德的人们十分称心；对家庭的批判，对一夫一妻制的批判，对生育逻辑的批判——这会取悦那些"扩大化自由"的支持者们；尽管当时还没有"消费社会"的说法，但我们却能发现尼采已经开始批判对物品的偶像化和崇拜——这会让支持"零增长"的激进分子欢欣鼓舞；对"国家"的批判，对个人力量的歌颂——这会重燃绝对自由主义左派的个人主义传统的火焰；对民族主义的批判——这会让国际主义者找到同盟；对反犹主义的批判，对犹太天赋的赞颂——这会让昨日的以及今天的德雷福斯派们感到心满意足……；

对资本主义、自由主义以及小资产阶级的批判——这会让左派选民找到知音；对资本积累的批判，对国有化有关部门——交通和贸易——的要求的批判，这一要求会快速生产大量利益，但要以牺牲公共安全和穷人的安全为代价——这无疑会有无数的赞同者……

德国的吉斯特罗首开左倾尼采主义的先河，然后是俄罗斯的欧也妮·德·罗贝蒂（Eugène de Roberty），法国的布拉克－德卢梭（Bracke-Desrousseaux）、达尼埃勒·哈列维（Daniel Halévy）、查理·安德烈（Charles Andler）。饶勒斯也毫不含糊，紧随这一流派。1902 年，这位社会主义斗士在日内瓦以《查拉图斯特拉如是说》为依据，推崇大众的贵族化以及无产阶级与超人的联姻。但这一系列会议，除了报纸上的概述，什么也没留下。这些是第一代人，他们在一战前夕将尼采转变为德国超人[1]。第二代人则让这位疑似始作俑者的哲学家经历了二战屠杀的洗礼。社会学团体[2]回归到了尼采的文本之中，向这位思想家寻求理解这个时代和对抗欧洲法西斯主义的方法：罗杰·卡耶娃（Roger Caillois）、米歇尔·雷里斯（Michel Leiris）和乔治·巴塔耶，对于尼采在二战之后名誉的恢

---

① 一战期间法国人对德国人的戏谑称呼，来源于尼采的 surhomme。
② 从 1937 年到 1939 年短暂存在的松散团体，由乔治·巴塔耶创建。

复，他们功不可没，第二次世界大战让《瞧，这个人》的作者臭名昭著。一粒自由的电子：昂利·列斐伏尔（Henri Lefebvre），马克思主义者、尼采信徒，他在 1937 年写出了《尼采》，两年后才发表，在《尼采》中，他给出了概括，但鲜为人知。第三代人 1964 年时在卢瓦约蒙让尼采重返舞台：德勒兹——《尼采与哲学》（1962）的作者——和福柯，这两位哲学家的著作和其他在"五月风暴"之后问世的作品，都离不开尼采的思想。第四代人应该不会太多……

如今，形式对于建构左倾尼采主义思想来说十分必要。我支持绝对自由主义的形式，不赞成政治思想史中传统的自由主义左派。在这里，我们再次动摇了历史编纂，在相当长的一段时间里，它将无政府主义的历史定格在一系列陈词滥调之中，这些陈词滥调亟待破除。编年表、代表人物、著作、生平事迹、趣闻轶事、英雄事迹，这一切在活跃分子的手中都能被包装成炙手可热的入门指南——同时，凭借教士的身份肆无忌惮地加以利用。

威廉·戈德温（William Godwin）是开山鼻祖？有待证实……普鲁东是创始人？他的思想走得更远，但也在无政府主义的范畴之内，因为在其思想中并不缺少一连串有关极端自由主义精神的矛盾点：厌恶女性、仇视犹太人、黩武主义、一段时间的自然神论……施蒂纳（Stirner）？
是他吗？墨索里尼的手边书《唯一者及其所有物》的作
者？我们甚至不把书拿来去宣读其中的阐释错误。反马克
思主义者巴枯宁？从表面上和一些个人言论——主宰着当
下的政治世界——来看似乎如此，但从实质上讲，并非如
此。另外，拉瓦肖尔（Ravachol）的那些谋杀行为和塞巴
斯提安·富尔（Sébastien Faure）温和的教育团体有什么
联系？星罗棋布的无政府主义，亟须一根红绳……

　　但在这里，在吸取历史教训的时候，在依据实际调整
理论的时候，还是需要辩证的思维方式：克鲁泡特金的各
种结论对沙皇统治下的俄国可谓是希望之光，这无可辩
驳，但对于后现代数字化的欧洲来说，未必如此。如今，
绝对自由主义活跃分子，他们对待无政府主义历史资料的
态度，常常就像教堂神父一样：崇拜、尊重，类似于小男
孩对于祖父的感情。他们一丝不苟地希望从 19 世纪的烛
光中求得照亮我们时代的光亮。

　　我希望我的研究能填补目前版本的无政府主义历史的
空白：目前的无政府主义历史仅仅记录了"五月风暴"及
后续事件。但重点不是事件本身，而是随之产生、由此生
发的东西：因此，应该重新审视昂利·列斐伏尔（Henri
Lefebvre）及其《日常生活批判》，应该重读拉乌尔·范内
格姆（Raoul Vaneigem）的《青年一代的处世之道契约》，

应该重拾福柯的《规训与惩罚》以及德勒兹的《千座高原》，应该重读加塔利（Guattari），还有迈克尔·哈特（Michael Hardt）的《帝国》以及托尼·内格里（Toni Negri）的作品。尽管这些作家并没有宣称绝对自由主义的立场，但他们的著作却比让·格拉夫（Jean Grave）、汉·日内（Han Ryner）或拉卡兹-杜提耶（Lacaze-Duthiers）的资料档案更具有当代无政府主义的研究价值……

完成"五月风暴"的未竟之业

这种绝对自由主义思想的目的何在？完成"五月风暴"未竟之业，不是像一头病兽一样，而是要使之臻于完善：把一项尚未画上完美句号的工作完成。因为"五月风暴"的精神催生了一个惯于否定的时代，这一时代非常重要，也非常必要：这场形而上的革命——并且是非政治的……颠覆了个体与个体之间的关系。在那个任何主体间性都被等级制度填满的时代，一切都被肃清了：父母与子女之间，丈夫与妻子之间，老师与学生之间，年轻人与老年人之间，老板与员工之间，男人与女人之间，国家元首与公民之间，神授权力土崩瓦解。所有一切都在本体论上找到了平等的立足点。

这种颠覆以燎原之势波及了众多场所：学校、工厂、办公室、车间、卧室、房屋、高校等。人们不加分辨地否定了曾经构建旧世界的所有东西：权威、秩序、等级、权力。束缚消失了，禁令废止了，欲望释放了，这理所当然。然而为什么这样做？为了创造什么？如果没有新的价值取向来替代，那么这种贬低旧世界的意图似乎只能在否定性中发光，而这种否定性恰好又是当代虚无主义的孕育者。

政治的力量见证了圣父的死亡——老祖先、共和国古老的律法及以戴高乐将军为代表的历史，但它却把所有的权力交给了一个次等生物。蓬皮杜主义联合了右派，安抚了受众，以银行业、发展和现代性的名义重建了社会秩序。留给"五月风暴"参与者的是一座形而上的工厂，然后人们加固了沿河公路，造了博堡①，为吉斯卡尔主义的到来铺平道路，该理论不久之后便在密特朗手中得到了重新演绎，他重新启用了之前的左派人士。一场冒险就这样结束了……

自"五月风暴"以来，并没有出现任何新的价值理念。似乎所有的道义都已日薄西山。人们摒弃了父辈的道义观念和曾祖父辈的公民教育理念，嘲笑伦理学中的一些基本观点，批判过时的想法——服从、学习、记忆、律

①　即乔治·蓬皮杜国家艺术文化中心。

法，笑话曾经的护身符——民族、国家、共和国、权力、法兰西，然后某一天在看电视时，我们突然发现了这个时代究竟像什么：狂欢之后的宿醉。

让我们结束这一不幸的局面。去追求葛兰西式的左派复兴，不要把自己卖给那些最有能力让自己入驻总统宫殿或领到共和国厚禄的最高出价人，这种妥协应该消失。存在着一些理念，这些理念能解决左派面临的伦理、政治、经济方面的现代问题。

18

实践反抗

个体的革命化

没有人再相信布朗基（Blanqui）式的暴力革命，甚至自由的资本主义也放弃了经由玛拉帕尔泰（Malaparte）理论化的政变！马克思认为，经济基础的改变自然而然会引起上层建筑的改变，这一思想如今已不再盛行。通过集体和暴力的方式占有生产资料根本改变不了什么：意识形态并非来源于生产方式的生理逻辑，而是源于其他逻辑……思想的生命力更长久。

资本主义是灵活的。它在承认自己被打倒之前，一定会想尽办法负隅顽抗。资本主义变形的历史有待构建：对**家长式资本主义**的好感、亲近和感情；伴随着**纯粹且强硬的自由主义变化**，再求助于护身符——自由，特别是行事自由；然后，**根据社会民主党的说法**，就是唤起社会情感；接着**戴着钢盔的法西斯**展示了它的粗暴；在消费主义倾向中，借用"物"来引诱人；与**极端自由主**

义的自由党人一起打造开放的幻象；在**微型法西斯主义**
的当代情境下，狡诈的思想渗透无孔不入。每一次改头
换面或重新包装，都呈现出了新样貌，但商品的实质并
未改变……

　　放弃暴动和暴动的可能性，是否标志着实践的终
结？是否应当就此为革命行为敲响丧钟？是否还存在
一线可能？如果存在，又是什么样子？革命是否仍然
是一种站得住脚的理想？为此要付出怎样的代价？为
了什么而革命？和谁一起？目标何在？布朗基在我们
这个时代处于什么地位？在这个只要玩弄伎俩就能不
费吹灰之力达到目的并在长时间之内保持的时代，他
还愿意发动政变来改变公众意愿吗？奥古斯特·布朗
基的价值并不在他的文字里，也不在他在街垒战期间
的所作所为里，而在于他的存在精神：为了产生革命
效果。

　　让我们在此稍事停留，解释一下革命的含义：如今，
革命意味着什么？我们应当避免过于宏大的词义：因为任
何革命都意味着交替，这毫无疑问，但结果却是回到了出
发点。事情往往是这样的：革命推翻了旧有的统治，这毫
无疑问，然而却建立了一个更加残暴的体制！这种伪变革
并不是人们想要的：它维系的是幻觉，带来的是持久的失
望和绝望。

革命也并非彻底的改变，并非废除过去，让一切复归为零。摧毁了记忆，就永远无法建立任何持久存在并值得维系的东西。对过去的恨、对历史的恨和对记忆的恨——我们这个没落时代的病症……——衍生出了各种幻象、各种虚影和一段段贫瘠的历史时期。火刑判决仪式、破坏圣像的冲动、纵火烧楼、故意损坏文物，这些行为更接近于兽行，不会生产出任何理性的进步。

那么革命到底在何处？按照黑格尔的扬弃逻辑就是：保留和超越。在这一辩证过程中，应该以既有、过去、历史和记忆为支撑点，在尊重这些支撑点的前提下，接受向前进的推动力和能产生新的存在可能性的推动力。这种辩证法不是极端的决裂，而是演变，是清晰而明确的变化。孔多塞坚信人类的思想会不断进步，他的思想一直以来都具有现实性，让我们为它平反昭雪。然后再赋予这一根本思想以先进的方法。

应该做什么？重读拉·博埃蒂，复兴他的主要理论：我们已经说过，只有权力的受众默认了权力的时候，权力才存在。如果这种默认缺席呢？那么权力就不会发生，它失去了立足点，因为泥足巨人只有在获得受剥削民众的默认的时候，才能够保全他的双脚——《论自愿为奴》中的形象。米歇尔·德·蒙田的朋友写过精妙绝伦的句子：

请别再为谁服务，你是自由的。从 16 世纪开始，什么都没有改变。如果没有臣服于自由主义的民众的默许，自由主义的残暴就不会存在。只要他们拒绝这种通敌行为——通敌这个词很重要……——自由主义的壁垒就会变得摇摇欲坠。

自由主义的暴力并非柏拉图式的，它不是从天而降，也不是来源于纯理念。它从大地中长出来、从泥土中冒出来，它化为肉身，有了人形，它走过那些有迹可循的道路，再被那些有脸面的人激活；多亏了那些为它的进化发育做出贡献的人，以及那些为这种残暴的维系做出贡献的人，它才得以存在；这种暴力体现在一些场所和一些人身上，也体现在一些情景和时机里；它显露自己；正因为它是可见的，所以它也是脆弱而微妙的，是触手可及的，是暴露的，因此，人们可以反抗它，阻止它，禁止它。

微型法西斯主义的本质注定了反抗也应是微型的。针对各种负能量的场景，让我们用反抗的力量去与之抗衡，阻止黑暗能量的播散。让我们做个唯名论者：极端自由主义的本质并不是柏拉图式的，它是可感、具体化的事实。对抗概念和对抗具体情境的方法是不一样的。在内在的领域里，革命的行为就是拒绝将自己变成传播消极性的纽带。

就在当下，就在此刻，不是明天，不是以后某个光明的未来——因为明天，永远不是今天……革命不会去等待历史的意愿；在被人们激活的地方，革命会在各种情景中逐渐成形：在家庭里，在车间里，在办公室里，在伴侣身上，在自己身上，在住所的屋檐下，只要有三分之一的地方被影响，所有的地方都能被影响。没有理由把我们永远不会做的事情推到明天：革命的地点、时间、机会和环境？就在当下。考察了每一个起义式革命的结局之后，德勒兹提出了"个体的革命化"。劝诱的做法仍然有其有效性和潜在力量。

当然，如果不团结，这种拒绝就会获胜：自由主义的力量和统治拥有各种方法，能将独立的造反个体拉回来，它会迅速地被瓦解、被粉碎、被取代。任何独立的行动也会遭到立刻镇压。除了自我牺牲——无用且无建设性……没有经过商议的英雄主义只会白白浪费气力。要进行持续的抵抗，是的；人们在构建自身存在的时候，要以避免成为负面机制运转中的一员为目标，这样更好，但在实际情况中，人们应该共同商议，团结力量，增加这一理念的成功机会：让这台机器减速、刹车、停止，让它失去效率，变得无用。从让它了无生气到摧毁破坏它。

联合利己主义者

麦克斯·施蒂纳擅长保护自己的主体性和独特性，他明白，面对粗暴的法定权力，单独行动是多么有限。他不能容忍任何阻碍"自我"自由发展的事物，像虔诚的信徒一样，他认为他的"我"就是他的神，因此，他创造出了这样一个强有力的理念：**联合利己主义者**。他推崇个体的全面自由，这毫无疑问，但同时他也明白让这样的个体不脱离群体，是十分重要的。过分暴露，对其个体存在本身来说太过危险。

自乔治·索莱尔（Georges Sorel）及其《暴力思考录》以来，人们再也不会忽视神话在政治中的作用。神话不是虚构，不是奇谈，也不是为蠢笨之人炮制的故事，而是理想，是可以主导行动的联邦式乌托邦。对此，我们可以以"国家""民族""共和国"为例（还有今天的欧洲），这些理想在成为事实之前，都萦绕在人们的脑海中，被理想激励的人们为实现这些理想原型而奋斗，从而创造出了真实的历史。

各个大洲的绝对自由主义者都在憧憬着全球性政体——除非它已成为现实……——这种全球性政体目前需要适当而有力的回击。首先，要创造一个理性的理想：**根茎式反抗**，然后是一系列明确的目标——**享乐主义政治**。这样，我们便有了目标和达成目标的方法。这种政治不会再去构建不具操作性的宏大体系，而是要创造无数个精悍的小装置，就像一台完美仪器中某个零件里面的一粒沙。无耻的历史将结束，正派而高效的历史即将来临。

根茎式反抗会在个体领域展开——终其一生都在反抗的典范或各种反抗情景的累加——或者更广泛一些，在集体领域展开，在利己主义者的联盟中展开。人们一旦自发、自愿、刻意地创建了这些可更替的网络，它们就会立刻变得高能有效。这些联盟的行动契约是特定的、双务的、可延续的，也可以在任何时候被废除。这种力量的累加一定要以形成特定的能量为目标，去阻碍或破坏负面机制。效果一旦产生，联盟就会解体、分化，各个成员便会消失得无影无踪。

梭罗在其《论公民的不服从》中论述了一种力量，这种力量在面对自由资本主义的机械逻辑时仍有发展空间。大卫和歌利亚的搏斗说明：没有必要在体积上赛过自己的对手，只要比他更狡猾、更具创造性、更聪明和更坚定即可。小人国里的小人们，他们累加聚集在一起的力量，也能成功战胜巨人格列佛。微型关系的扩大，叠加的小型行动的网状扩散，以及自由主义蛛网式的扩张，都可以损坏一个开创已久的机制。

在具体的政治领域，这种协同合作可以展示它是如何效法于上述原则的。工会迷失在它曾扬言要反抗的寡头政治之中，协同合作会将个体的力量聚集成一股统一的行动力量来对抗这种工会。灵活多变、充满活力、生机勃勃的协同合作，一定会让那些已经有稳固地位的工会停滞不前。反对与现有体制勾结的工会活动，反对那些固执地拒绝一切却从未有任何建树的人或事物，跳出这两个死胡同，协同合作就会在社会领域中塑造出一个引人注目的幽灵：人们无法圈定它，它的逻辑是非透明的，人们也不知道该用何种方法收买它。在这样一种新形势下，我们便重新找到了费尔南德·贝鲁蒂耶（Fernand Pelloutier）及其信徒的革命性工会运动精神。

享乐主义政治

这种反抗机制凭什么被称作享乐主义呢？再者，真的存在享乐主义政治吗？如果存在，哪一个是？一直以来享乐主义都被负面地评价为是在为个人享乐和利己享乐辩解，与政治毫不相干。这源于对享乐主义历史的不了解，实际上，从伊壁鸠鲁到爱尔维修和边沁，再到斯图尔特·穆勒，享乐主义的历史证明，它确实有集体和团体的一面。

马克思和福柯都对盎格鲁－撒克逊人的功利主义造成了不小的伤害。前者是因为当时在社会领域中的知识和政治的统治性地位；后者是因为其专业的过分延伸——只对单个的敞视监狱展开研究，而没有进行全面的考察，这致使他写下了诟病边沁的蠢话。因为享乐的功利主义远非市井哲学或现代极权政体的产物！对其历史编纂的清洗还应包含一些意料之外的人物：如《古典时代疯狂史》① 的作者！

作为市井怪人，边沁为了同性恋非罪化而积极抗争——《论男同性恋》（1785！），为少数派——妇女和儿童的权利积极抗争，为动物的应有地位积极抗争（人们对待动物就像不受惩罚的刽子手一样），也为监禁条件的人性化而积极抗争——《全景监狱》（1791）；作为极权制的怪诞创立者，边沁制定了一份目录，记录了宗教造成的危害——《自然宗教》（1822，遗作）指出了政客们说空话套话的癖好——《政治诡辩指南》（1824）……在《义务学》中，他将政治置于伦理的视阈下，提出：任何享乐主义政治都应当关注**最大多数人的最大幸福**。这一目标至今仍然适用……

这样一来，就与绝对自由主义政治毫无瓜葛了。盎格鲁－撒克逊的功利主义中的自由，指的是在法国大革命期间人民渴望的并创造的自由——我们可以通过法国国民公

---

① 《古典时代疯狂史》（*L'Histoire de la folie*）出版于 1961 年，是福柯的第一部重要著作。该书的英译版书名为" Madness and Civilization"，中国学界于 1999 年按英文版译成中文，书名译作"疯癫与文明"。——编者注

会授予杰里米·边沁法国公民身份的事实来确认……约翰·斯图尔特·穆勒带着《妇女的屈从地位》（1869）紧随其后，成了一名杰出的女权主义捍卫者，还有《论自由》（1859），这些书都可以出现在某个极端自由主义者的书架上……因此，将政治享乐主义的倾向——或者说享乐主义政治的倾向——打入历史的冷宫，这种做法再次表明主流历史编纂应该受到批判。

享乐主义政治和后现代极端自由主义政治的目标，在于创造一个个零星的板块、开放的空间以及按照上述原则构建的流动团体。没有全国性的革命或全球性的革命，只有逃离主流模式的零星片刻。革命围绕自我展开，以自我为出发点，让经过挑选的个体来参与这种手足之间的活动。这些选择性的微型社会会引发有效的微型反抗，能暂时地反抗占主导地位的微型法西斯。在这个微型的时代，我们无法进行持久的行动，也无法进行永久的介入。

对美好的国家、和平的社会、幸福的文明的追求，属于儿童幼稚的愿望。在这个强有力的自由主义网络世界中，我们需要构建的是具体的乌托邦，是如同特莱美修道院①一

————————

① 特莱美修道院为法国作家拉伯雷的《巨人传》中虚构的一个地方，被视作人文主义精神的乌托邦。

样星罗棋布的精神岛屿，它可以在任何地方、任何时机和任何情况下繁衍复制。流动的伊壁鸠鲁花园正是以自我为出发点而建立的。在我们所处的花园里，创造我们向往的世界，避开我们厌恶的世界。它是微型政治，是战时政治，是对抗强大敌人的反抗政治，无论如何，它仍然是政治。

很显然，这些解决方法似乎比较单薄。事实上，确实很单薄，就像我们所说的贫穷艺术。但是，这些微型创举难道比腐朽的国会民主更单薄吗？比建构在舞台之上、宣传膨胀的自我的总统制更单薄吗？比普遍缺乏文化之时举行的普选更单薄吗？比低廉的政治作秀更单薄吗？比职业化的政治阶层更单薄吗？比大众的去政治化更单薄吗？比年复一年的陈旧迂腐的历史纲要更单薄吗？到底是更单薄，还是更有力？

绝对自由主义的立场意味着要在每一个时机和场合下进行存在实践。希望按照既定模型来生成和组织社会的无政府主义，将注定以灾难收场。一个无政府的社会？这是可怕的景象，也是不可能出现的景象。相反，极端自由主义行为，是包含在意图实现无政府主义的社会之中的，这才是伦理的——也就是政治的——解决之道！因为无论在什么地方，目标都是一样：创造真正的脱凡与平静的个人情景和集体情景。

享乐主义宣言

    30 本书的艰辛撰写业已完成，至此，我认为有必要强调享乐主义的问题。如果我将整个学说浓缩为一个问题，那必然是斯宾诺莎的著名提问："身体能做什么？"以这个提问为基础，我还要再补充一个问题：身体基于什么成为哲学偏爱的研究对象呢？接下来将引发一系列的问题：作为艺术家该如何思考呢？在美学领域中以何种方式建立伦理学呢？在一个完全臣服于阿波罗的文明中，狄俄尼索斯享有怎样的地位？享乐主义和无政府主义之间有着怎样的本质关系？基于何种思维模式，哲学才具有可操作性？在后现代生物科技如此发达的今天，对身体还有何期许？生平传记和哲学写作之间是何种关系？哲学神话是根据什么原则构建出来的？在西方知识结构中如何完成去基督教化？新的学说流派是否可能？

享乐主义宣言

　　对这些问题的解答，必须致力于推动构建彻底的存在主义的进程。由此才能够产生艺术的主体间性、内在的伦理学、犬儒主义美学、自由主义政治学、左派尼采主义、感觉至上的物质主义、狂喜的功利主义、阳光的情欲、普罗米修斯式的生物伦理学、浮士德式的身体、存在中的顿悟、哲学的生活、另一种历史编纂、后基督教的无神论、享乐的契约。有了着眼于生存的思想，便有了很多值得挖掘的学说，这将使我们这个哀婉的时代重新焕发光彩。

米歇尔·翁福雷

图书在版编目（CIP）数据

享乐主义宣言／（法）米歇尔·翁福雷
（Michel Onfray）著；刘成富，王奕涵，段星冬译．－－
北京：社会科学文献出版社，2016.9（2018.8 重印）
ISBN 978 - 7 - 5097 - 9372 - 5

Ⅰ．①享…　Ⅱ．①米…　②刘…　③王…　④段…　Ⅲ.
①享乐主义 - 研究　Ⅳ．①B82 - 062

中国版本图书馆 CIP 数据核字（2016）第 143934 号

享乐主义宣言

著　　者／〔法〕米歇尔·翁福雷
译　　者／刘成富　王奕涵　段星冬

出 版 人／谢寿光
项目统筹／董凤云　段其刚
责任编辑／段其刚　甘欢欢

出　　版／社会科学文献出版社·甲骨文工作室（010）59366551
　　　　　地址：北京市北三环中路甲29号院华龙大厦　邮编：100029
　　　　　网址：www. ssap. com. cn
发　　行／市场营销中心（010）59367081　59367018
印　　装／三河市东方印刷有限公司

规　　格／开　本：889mm×1194mm　1/32
　　　　　印　张：7.5　字　数：132 千字
版　　次／2016 年 9 月第 1 版　2018 年 8 月第 3 次印刷
书　　号／ISBN 978 - 7 - 5097 - 9372 - 5
著作权合同
登 记 号／图字 01 - 2013 - 0929 号
定　　价／49.00 元